高等学校遥感信息工程实践与创新系列教材

数字测图与GNSS测量综合实习

陈智勇　付建红　艾明耀　编著

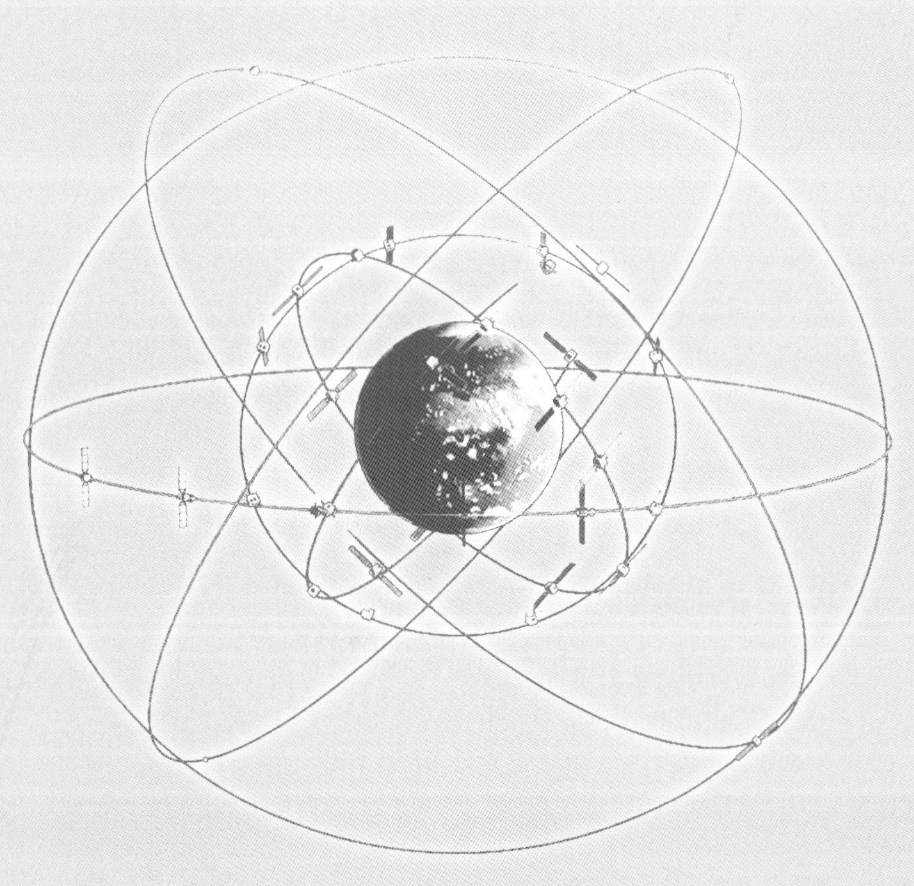

图书在版编目(CIP)数据

数字测图与 GNSS 测量综合实习/陈智勇,付建红,艾明耀编著 .—武汉:武汉大学出版社,2021.6
高等学校遥感信息工程实践与创新系列教材
ISBN 978-7-307-22220-5

Ⅰ.数… Ⅱ.①陈… ②付… ③艾… Ⅲ.①数字化测图—高等学校—教材 ②卫星导航—全球定位系统 —测量—高等学校—教材
Ⅳ.①P231.5 ②P228.4

中国版本图书馆 CIP 数据核字(2021)第 062046 号

责任编辑:王 荣　　责任校对:李孟潇　　版式设计:马 佳

出版发行:**武汉大学出版社** (430072 武昌 珞珈山)
(电子邮箱:cbs22@ whu.edu.cn 网址:www.wdp.com.cn)
印刷:武汉科源印刷设计有限公司
开本:787×1092 1/16 印张:11 字数:258 千字 插页:1
版次:2021 年 6 月第 1 版 2021 年 6 月第 1 次印刷
ISBN 978-7-307-22220-5 定价:29.00 元

序

实践教学是理论与专业技能学习的重要环节，是开展理论和技术创新的源泉。实践与创新教学是践行“创造、创新、创业”教育的新理念，是实现“厚基础、宽口径、高素质、创新型”复合人才培养目标的关键。武汉大学遥感科学与技术类专业(遥感信息、摄影测量、地理信息工程、遥感仪器、地理国情监测、空间信息与数字技术)人才培养一贯重视实践与创新教学环节，“以培养学生的创新意识为主，以提高学生的动手能力为本”，构建了反映现代遥感学科特点的“分阶段、多层次、广关联、全方位”的实践与创新教学课程体系，夯实学生的实践技能。

从“卓越工程师教育培养计划”到“国家级实验教学示范中心”建设，武汉大学遥感信息工程学院十分重视学生的实验教学和创新训练环节，形成了一整套针对遥感科学与技术类不同专业和专业方向的实践和创新教学体系、教学方法和实验室管理模式，对国内高等院校遥感科学与技术类专业的实验教学起到了引领和示范作用。

在系统梳理武汉大学遥感科学与技术类专业多年实践与创新教学体系和方法的基础上，整合相关学科课间实习、集中实习和大学生创新实践训练资源，出版遥感信息工程实践与创新系列教材，服务于武汉大学遥感科学与技术类专业在校本科生、研究生实践教学和创新训练，并可为其他高校相关专业学生的实践与创新教学以及遥感行业相关单位和机构的人才技能实训提供实践教材资料。

攀登科学的高峰需要我们沉下去动手实践，科学研究需要像“工匠”般细致入微地进行实验，希望由我们组织的一批具有丰富实践与创新教学经验的教师编写的实践与创新教材，能够在培养遥感科学与技术领域拔尖创新人才和专门人才方面发挥积极作用。

2017年3月

前　言

本书隶属“高等学校遥感信息工程实践与创新系列”丛书，是遥感科学与技术专业本科生的实习实践课教材。

数字测图是遥感地理信息相关专业数据获取的基础任务，是遥感地理信息相关专业学科的基础实践内容。在遥感科学与技术专业本科课程体系中，数字测图与 GNSS 测量综合实习是普通测量学课程的后续实践课程，也是遥感科学与技术本科专业的核心平台实践课。

本书在《数字测图与 GNSS 测量实习教程》(付建红编，2015)的基础上编写而成，根据遥感科学与技术专业的教学要求，在数字测图实习实践中，除“全野外数字测图”外，增加了“遥感成图”实习内容，也相应增加了遥感成图的相关理论内容，并将 GNSS 测量与遥感成图相结合，使数字测图与 GNSS 测量成为整体实习模块。

本书共有 6 章和 7 个附录，正文章节主要介绍实习内容、流程和方法，包括 GNSS 测量、地面数字测图、航空摄影、基于遥感影像成图等，附录介绍实习中使用的仪器设备和相关软件的操作使用。

本书在编写过程中得到了武汉大学遥感信息工程学院胡庆武、张丰、孙朝辉、李爱善、王玥等老师的指导、支持与帮助。此外特别感谢广东南方数码科技有限公司提供的软件与技术支持。

由于编者水平有限，书中难免有不妥与不足之处，敬请读者批评指正。

编　者

2021 年 2 月于武汉

目　　录

第 1 章　综合实习概述…… 1

1.1　实习目的和意义 …… 1

1.2　实习内容基本要求 …… 2

第 2 章　实习内容与要求…… 3

2.1　实习内容 …… 3

2.1.1　GNSS 测量…… 3

2.1.2　地面数字测图 …… 4

2.1.3　航空影像采集与处理 …… 5

2.1.4　基于影像的数字成图 …… 5

2.2　仪器操作内容与基本要求 …… 5

2.3　使用测量仪器注意事项 …… 6

2.3.1　仪器的安置 …… 6

2.3.2　仪器的使用 …… 6

第 3 章　GNSS 测量 …… 8

3.1　GNSS 定位基本术语 …… 8

3.2　GNSS 控制网 …… 9

3.2.1　GNSS 网的设计 …… 10

3.2.2　GNSS 网的观测与数据处理 …… 14

3.3　RTK 测量 …… 15

第 4 章　地面数字测图 …… 17

4.1　测图任务分析…… 17

4.2　测区踏勘与总体设计…… 19

4.3　控制方案设计…… 20

4.4　首级控制测量…… 20

4.4.1　平面控制测量…… 20

4.4.2　高程控制测量…… 22

4.5　图根控制测量 …… 24
4.5.1　图根控制测量方法 …… 24
4.5.2　图根控制点的密度与精度要求 …… 26
4.6　碎部测量 …… 28
4.6.1　碎部测量内容与要求 …… 28
4.6.2　碎部测量基本方法 …… 30
4.7　数字地形图绘制 …… 31
4.7.1　数据准备 …… 32
4.7.2　新建/打开图形数据库 …… 33
4.7.3　地物的绘制 …… 36
4.7.4　地貌的绘制 …… 40
4.7.5　图廓整饰 …… 43
4.7.6　打印出图 …… 46

第5章　航空摄影与正射影像制作 …… 49
5.1　航空摄影 …… 49
5.1.1　航空摄影的基本概念与特性 …… 49
5.1.2　航空摄影的相关术语 …… 50
5.1.3　航空摄影的基本特性 …… 52
5.1.4　垂直航空摄影的相关要求与作业流程 …… 53
5.1.5　无人机航空摄影的相关要求与作业流程 …… 56
5.2　正射影像制作 …… 58

第6章　基于正射影像的数字成图 …… 61
6.1　成图方法与过程 …… 61
6.2　影像判读与调绘 …… 63
6.3　控制测量 …… 64
6.4　基于影像绘图 …… 65
6.4.1　影像绘图流程 …… 65
6.4.2　插入影像数据 …… 65
6.4.3　影像纠正处理 …… 68
6.4.4　地物绘制 …… 71
6.4.5　图廓整饰 …… 73

附录 …… 74
附录1　水准仪的操作使用 …… 74

附录 2　全站仪的操作使用 …………………………………………………………… 83
附录 3　GNSS 接收机的操作使用 ……………………………………………………… 98
附录 4　GNSS 解算软件使用 ………………………………………………………… 121
附录 5　多旋翼无人机航空摄影 ……………………………………………………… 134
附录 6　正射影像图(DOM)制作………………………………………………………… 136
附录 7　常用手簿 …………………………………………………………………… 161

参考文献………………………………………………………………………………… 164

第 1 章　综合实习概述

地图是空间地理信息最原始、最直观的一种成果形式，地形图是地图的一种，以地表上的地物、地貌为绘图对象，表达地物、地貌的平面位置和高程，是国民经济建设及大众日常生活不可或缺的地形和环境资料。地(形)图测成图是遥感与空间地理信息相关专业最基本的任务之一。数字测图的方法有多种，如地面数字测图(亦称全野外数字测图)采用全站仪、水准仪、全球导航卫星系统(Global Navigation Satellite System，GNSS)接收机等外业测量仪器在实地测量，经数字成图软件处理得到数字地形图；遥感成图则基于航空航天影像生成地图。数字测图实习内容包括地面数字测图和基于航空影像数字成图，实习过程中综合使用常规测量绘图技术和遥感成图技术，掌握地图测成图基本过程和技术方法。数字测图实习也是检验测量基本原理和理论的掌握情况、基本测量方法的综合理解和使用情况、遥感成图基本概念和方法的理解情况的有效方法，通过实习夯实测量基础知识，综合理解数字成图技术与行业应用基本情况，为后续其他专业课程的学习提供坚实的学科基础。

1.1　实习目的和意义

数字测图实习是检验测绘基础知识掌握程度的重要途径，是遥感地理信息相关专业学科的基础实践，是普通测量学课程的后续实践课程。普通测量学是研究地球表面局部区域内测绘工作的基本理论、仪器和方法的科学，是测绘学的一个基础部分，是一门技术性很强的专业基础课，既有丰富的测绘基本概念和测量理论，又有大量的实际操作技术，是遥感科学与技术专业、测绘工程专业、地图学与地理信息系统专业的必修课，同时也是土木工程、水利工程、城市规划等专业的基础课。经过普通测量学课程的学习，学生对测绘的基础知识和基本方法与技能打下了一定程度的基础，与之相配套的数字测图实习主要培养学生掌握测量工作的基本流程和仪器操作技能，是整个教学过程中必不可少的组成部分，是理论联系实际的具体体现。通过实习可以促进学生对理论知识的二次理解，解决理论教学中没有解决的一些问题，也能让学生获得感性认识，培养动手能力和解决实际问题的能力；让学生将课堂教学中掌握的单个知识点通过具体的实习任务联系起来，形成知识体系，对提高教学质量具有重要的意义。

GNSS 测量是当前控制测量最主要的测量方法。随着 GNSS 技术的发展，GPS、GLONASS、北斗三号、Galileo(伽利略)等系统已相继建成或即将建成，GNSS 的应用已经普及。在测绘领域，GNSS 已取代了传统控制测量的大部分应用；在其他测量的各分支中，GNSS 也发挥着巨大的作用，数字测图的大部分控制测量宜使用 GNSS 施测。实习中也应充分发挥 GNSS 定位技术的作用和优势，熟悉 GNSS 在测成图应用中的基本过程和方法，使用 GNSS 建立测成图所需的控制网，熟悉 GNSS 控制测量的设计、施测、计算及成果质量控制。

1.2 实习内容基本要求

数字测图与 GNSS 测量实习以成图为目标，按不同的成图技术路径，利用全站仪、水准仪、GNSS 接收机、无人机等多种测量仪器和设备，综合使用控制测量、碎部测量、数字测成图、遥感成图等技术方法，实现数字地(形)图的测制、验收与入库。通过实习，学生应熟悉大比例尺地图测量成图的流程及方法，掌握各种测量方法与仪器的综合使用，具备测量计算、成图、入库的基本技能。

(1)利用 GNSS、全站仪进行平面控制测量。使用 GNSS 控制测量技术和全站仪边角测量技术，在测区范围内根据测量要求和测区概况设计并布设平面控制网，根据规范规定和控制网精度要求制作测量计划并进行控制测量，对测量数据进行处理获得合格的控制测量成果。

(2)利用水准仪进行高程控制测量。能采用水准测量方法对控制网进行高等级高程测量，对测量数据进行处理获得合格的控制网点高程。

(3)利用 GNSS 和全站仪进行碎部测图。掌握碎部测图的基本方法和流程，能综合利用 GNSS 接收机、全站仪、皮尺等仪器和工具进行地物地貌测量成图。

(4)遥感影像获取与处理。利用无人机等设备获取制图区域的低空影像，布设控制点并对影像进行预处理，掌握无人机遥感数据处理流程及基本处理方法，了解遥感成图及各种地理信息数据获取的处理方法。

(5)遥感成图的控制测量与调绘。了解遥感成图的基本过程，根据使用的遥感影像特点及具体成图要求布设遥感成图控制网，测定遥感成图所需的控制点并进行外业调绘。

(6)数字成图与地形图验收入库。掌握计算机地图成图基本方法，利用相关成图软件进行数字制图；掌握地形图验收入库基本方法，能利用相关软件对地形图进行验收并入库。

第 2 章　实习内容与要求

数字测图与 GNSS 测量实习综合应用地面数字测图技术和遥感成图技术，分别按两种技术途径进行数字测成图，测成图过程中综合使用常规测量技术和遥感判读解译及调绘技术，通过实习了解、掌握相关成图方法和过程。

2.1　实习内容

数字测图与 GNSS 测量综合实习的内容包括 GNSS 测量、地面数字测图(也称全野外数字测图)、航空影像采集与处理、基于影像的数字成图四部分。各部分内容相对独立，可根据总体调度和仪器调度实际情况安排各部分的实习顺序，实习总体流程如图 2-1 所示。

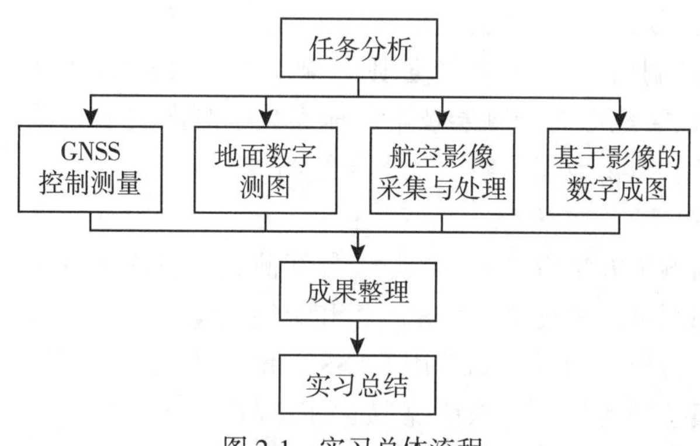

图 2-1　实习总体流程

2.1.1　GNSS 测量

GNSS 测量使用 GNSS 接收机，按 GNSS 测量规范规定测定成图所需控制点、精度检查点及测图碎部点。在数字测图中，控制测量是成图精度的基本保证，GNSS 控制测量是使用最为广泛的测量方法。在具备观测条件的情况下，可使用 GNSS 实施首级及其他各级控制测量，实施遥感成图控制测量。使用 GNSS 进行控制测量时，除平面控制外，大多数情况下也可一并完成高程控制。除用于控制测量外，在具备观测条件的情况下，GNSS 也可用于碎部点测量。实习过程中，学习并掌握 GNSS 接收机的使用，设计并实施 GNSS 测量与计算。

1. GNSS 控制测量

控制测量精度要求一般较高，GNSS 控制测量可使用精密单点定位方法和 GNSS 相对定位方法。由于精密单点定位过程中所需的精密星历需延后一段时间才能获得，因而精密单点定位往往有一定的时延，一般在两周后方可获得精密星历进行精密单点定位解算。本实习中 GNSS 控制测量主要使用 GNSS 相对定位，以起始控制点为基础，按相对定位方法测定成图所需精度等级的控制点坐标。对于较大范围的测区需要较多控制点时，可按 GNSS 测量规范要求设计 GNSS 控制网，如测区的首级控制网即可按精度要求设计为 GNSS 控制网。控制点数量需求较少时且精度要求无需太高时，如图根控制点的测量可按单基线相对定位方法测量。

2. RTK 测量

GNSS 实时动态测量，简称 RTK(Real Time Kinematic)测量，可用于精度要求一般的控制测量和碎部测量。如 1∶500 测图所需的图根控制点精度一般为中误差±5cm，即可采用 RTK 方法施测。对于较为开阔区域对空观测信号较好的环境下，可采用 RTK 测量成图碎部点，如水系、交通、植被等地物的测量。

2.1.2　地面数字测图

地面数字测图指利用 GNSS 接收机、全站仪及其他测量仪器在野外实地进行成图数据采集，采用计算机绘图技术在成图软件的支持下进行数据处理，获得数字地形图。地面数字测图实习围绕大比例尺地形图测制过程展开，综合使用各种测量仪器和测量方法，遵循“从整体到局部，先控制后碎部”的测量原则，测制典型大比例尺地形图(如 1∶500 地形图)，掌握大比例尺数字地形图的测绘技术。地面数字测图实习具体内容包括：平面控制测量、高程控制测量、地物地貌测绘、地形图绘制等。

1. 平面控制测量

常用的平面控制测量方法有 GNSS 测量、导线测量、三角网测量及交会测量等，在地面数字测图平面控制测量中常使用 GNSS 测量和导线测量。在实习过程中，要求综合使用多种控制测量方法进行控制测量，如选用 GNSS 测量方法进行首级平面控制测量，选用导线测量方法进行图根控制测量。特殊情况(如大面积 GNSS 卫星信号不佳)下，可选用导线测量方法完成部分首级平面控制测量，也可在部分图幅范围内使用 GNSS 进行图根控制测量。

2. 高程控制测量

高程控制测量方法有水准测量、三角高程测量及 GNSS 测量，实习过程中要求综合使用多种高程测量方法。较平坦区域的首级控制点宜采用水准测量方法测量高程，地形起伏较大、水准测量较困难区域的首级控制点采用 GNSS 测量高程，与具有绝对高程的首级控制点联测，以使 GNSS 所测的大地高尽可能接近绝对高程。图根控制点高程测量与平面坐标测量同时完成，如采用导线测量方法测量图根控制点，则同时测量竖直角并量取仪器高和目标高以计算其三角高程，如采用 GNSS 测量则同时计算图根控制点的 GNSS 高程。

3. 地物地貌测绘

对测图图幅范围内的地物地貌进行测绘。地物包括居民地、道路网、水系、独立地物、管线、土质与植被等几大类。对于 1∶500 比例尺地形图，几乎地面所有的固定物体都需要测量，其中以各种建筑物测量最为繁杂；道路网中，一般双线表示道路的轮廓；独立地物相对也较多，包括各种城市部件如各种井盖、立杆等；土质与植被中较多的是各种树木(独立树、行道树)及各种地类界。城市测量中地貌测量内容相对较少，地物的高程一般即可满足地貌测绘中对高程点的要求，需要单独测量的一般是各种陡坎、护坡等；地面起伏较大的测区，如需绘制等高线的，还需要测量地貌特征点，满足等高线生成的要求。

4. 地形图绘制

在计算机绘图软件中完成地形图绘制，一般使用专用的地形图绘制软件，如广州南方测绘科技股份有限公司(可简称“南方公司”)的 CASS 软件、iData 软件，北京山维科技股份有限公司的 EPS 软件等。也可直接在 AutoCAD 之类的计算机辅助绘图软件中进行绘图，相应的各种符号库、线型库需要定制。实习过程中应能掌握至少一种绘图软件的使用。

2.1.3　航空影像采集与处理

综合实习中航空影像采集与处理指利用低空飞行器(如多旋翼无人机)按航空摄影测量要求进行航空摄影，获取一定重叠度的航摄数字影像，使用摄影测量软件对航摄影像进行基本的处理，生成航摄区域正射影像图。通过实习了解摄影测量、航空摄影中的基本概念、要求和航摄方法，了解航空摄影测量处理的基本概念、流程及数据成果基本形式和要求。

2.1.4　基于影像的数字成图

基于影像的数字成图指利用已有的正射影像绘制地图，或者通过处理航摄影像得到正射影像，再由正射影像绘制成图。在成图过程中了解遥感成图的技术特点和关键技术环节，熟悉遥感成图的流程和基本方法。通过实习熟悉正射影像的特征，了解控制点的作用并掌握控制点的测量方法，了解影像调绘的目的并熟悉调绘的流程及方法，熟悉由正射影像生成(绘制)地图的要求和基本方法。

2.2　仪器操作内容与基本要求

在整个实习过程中，要求综合使用 GNSS 接收机、全站仪、水准仪等各种测量仪器和皮尺等量具，对各种仪器的操作使用基本要求如下。

(1)掌握各种测量仪器的构造和使用方法，熟悉仪器的测量原理，可独立操作各种仪器设备。

(2)了解测量仪器某些系统误差的检验和校正方法，如圆水准器和水准管的检验与校正、水准仪 i 角检验、经纬仪各轴系之间关系的检验等。

(3)控制测量过程中，GNSS 测量、导线测量、水准测量等几种测量方法必须综合使用，掌握各种测量方法的数据采集、数据处理。

2.3 使用测量仪器注意事项

仪器使用过程中，必须严格遵循仪器的操作方法和注意事项，避免出现人员与设备的安全事故。

2.3.1 仪器的安置

使用普通地面测量仪器工作时，一般将仪器安置在三脚架上进行观测。因此，应先放置好三脚架，然后安置仪器，杜绝在脚架不稳的情况下安装仪器。

第一步放置三脚架。选择适当位置或某一特定点放置三脚架，先将三条腿上的固定螺旋松开，根据个人身高拉开适当的长度，之后再将固定螺旋拧紧，操作时不可用力过大，以免造成螺旋滑丝。然后将三条腿分开适当的角度，如果角度过大容易滑开，同时影响观测；如果角度太小，则导致架设不稳定，容易被碰倒。如果在斜坡上架设仪器，应使两条腿在坡下，一条腿在坡上；如果在光滑地面上架设仪器，要用绳子拉住三条腿，保证安全，防止脚架滑动；如果在松软的泥土地里架设仪器，要用力将三条腿踩入泥土，避免在观测过程中仪器下沉。

第二步安置仪器。打开仪器箱前将仪器箱正面朝上平稳放置在地面上，严禁托在手上或抱在怀里打开仪器箱。取出仪器时轻拿轻放，不要一只手拿仪器，应一手紧握照准部支架或提手，另一手扶住基座部分。将仪器放到三脚架上后，应立即旋紧三脚架中心螺旋。

注意：在安置仪器时由一人独立完成，不宜多人同时操作，避免在安置过程中多人相互指望造成中心螺旋未拧紧或三脚架安放不稳而摔坏仪器。

2.3.2 仪器的使用

仪器安置好之后，必须有专人看守，无论是否观测，都不允许离开仪器。观测时不允许将望远镜对准太阳，雨天禁止观测。操作仪器时要轻，不要用力过大或动作过猛。旋转仪器各部分螺旋要松紧适度。制动螺旋不要拧得太紧，微动螺旋和脚螺旋不要旋转至尽头，应适宜在中段，保证上下或左右调节都有一定的空间。当仪器和螺旋旋转不动或很吃力时，不要强行旋转，应立即停止操作，检查仪器，找出原因并采取适当措施。

当观测完一个测站需要搬迁到下一个测站时，应将仪器从三脚架上取下，装箱搬站，装箱时需将仪器各制动部件松开，使其处于可自由旋转状态，以免装箱时因强行扭转而损坏制动装置或破坏轴系关系。由于水准仪较轻，在短距离平坦地区搬站时，可以先将脚架收拢，然后一手抱脚架，一手扶仪器，保持仪器近直立状态搬站，严禁将仪器横扛在肩上迁移。

仪器在观测过程中，因受温度、湿度、沙尘、震动等影响，容易产生一些故障，但引起仪器故障的原因是多方面的，发现仪器出现故障时，应立即停止使用，尽快查明原因，送有关部门进行维修。绝对禁止擅自拆卸仪器，更不能强行让仪器“带病”工作，以免加剧损坏程度。

仪器使用完毕后，应用绒布或毛刷清除仪器表面灰尘。仪器被雨水淋湿后，切勿通电开机，应用干净软布擦干并在通风处放一段时间。作业前应全面仔细地检查仪器，确定仪器各项指标、功能、电源、初始设置和改正参数均符合要求后再进行作业。使用激光仪器时(全站仪测距时发射光是激光)，不能对准眼睛，并避免将物镜直接对准太阳。

第3章　GNSS测量

全球导航卫星系统(GNSS)定位测量由GNSS接收机接收GNSS卫星发送的导航定位信息，通过专业处理软件计算获取接收机的高精度位置坐标。当前可用的GNSS包括美国的GPS、俄罗斯的GLONASS、欧盟的Galileo系统及我国的北斗系统，除此四大独立的GNSS外，还包含如印度开发的印度区域导航卫星系统(IRNSS)、日本开发的增强系统准天顶卫星系统(QZSS)等。

GNSS定位过程高效快捷，经过多年的技术发展与应用，GNSS定位已成为测量的一个重要方法，特别是控制测量已大部分被GNSS测量替代，包括各等级国家平面控制网、城市控制网、工程测量控制网等，在数字测图中也普遍使用GNSS进行控制测量。

3.1　GNSS定位基本术语

GNSS定位的基本原理是由已知的多颗卫星的位置和观测得到的卫星到接收机的距离(卫地距)通过定位解算获得接收机的空间位置坐标。其中，卫星位置通常由卫星星历计算得到，卫地距则通过处理观测值得到。

采用GNSS进行定位测量时，有多种可选的定位方法和定位模式，针对不同的应用和精度要求，可以选择不同的方法。

1. 单点定位

根据卫星星历给出的卫星在观测瞬间的位置和卫星钟差，由单台GNSS接收机接收GNSS卫星观测值测定卫星至接收机的距离，通过距离交会方法测定该接收机在地球坐标系中的空间位置坐标的定位方法，称为单点定位，也称绝对定位。

单点定位分为标准单点定位和精密单点定位两类。两种单点定位方法都可以获得定位点的绝对坐标，但点位精度不同，处理方法和时效也不同。

标准单点定位也称传统单点定位(简称单点定位)，是一种实时的单点定位方法，广泛应用于个人导航定位(如手机导航定位)。标准单点定位利用广播星历(由卫星实时播发、接收机实时接收)确定卫星位置和卫星钟差，由测距码测定卫星至接收机距离(伪距观测值)。由于广播星历和伪距观测值精度有限，标准单点定位通常为几米至十米级定位精度，常用于导航及精度要求不高的定位领域。在增强系统(如北斗三号星基增强系统)的辅助下，标准单点定位可达1~2m定位精度甚至更高，可用于相应等级的定位测量。

精密单点定位则利用事后解算的高精度精密星历与卫星钟差，采用载波相位观测值和严密的数学模型进行定位，定位精度(一般可达厘米级甚至毫米级定位精度)远高于标准单点定位，通常用于高精度测量，精密星历一般不能实时获得，因此精密单点定位结果的获得有一定的时延，通常不能及时得到高精度定位结果。

2. 相对定位

确定同步观测的多台 GNSS 接收机之间相对位置(点间坐标差)的定位方法，称为相对定位。两点之间的相对位置常用一条基线向量(两点间坐标差值组成的向量)表示，相对定位也常称为基线测量。

由于 GNSS 测量误差具有与时间、空间存在相关性的特点，进行相对定位同步观测的多台接收机的定位误差间存在一定的相关性，多种误差相同或大体相同，如两台接收机同时收到的测距信号在大气中传播产生的大气折射误差(延迟)大体相当，在相对定位过程中这些误差的影响可得以消除或大幅消弱，因此可得到高精度的相对定位结果。相对定位是最主要的高精度定位方式，其定位精度可达毫米级甚至更高，被广泛应用于各种控制测量中。

3. 静态定位

在定位过程中待定点接收机在定位参考坐标系中的坐标没有明显变化，接收机保持相对静止，进行定位解算处理时，接收机待定坐标在整个定位过程中保持不变，这种定位方式称为静态定位。

4. 动态定位

在定位过程中待定点接收机在定位参考坐标系中的坐标有明显变化，定位过程中接收机每个瞬间(历元)的坐标都是一组不同的参数，则称之为动态定位。

5. 静态相对定位

采用静态定位方法确定接收机之间的相对位置的高精度定位方法，称为静态相对定位，通常使用载波相位观测值。静态相对定位是高精度定位测量的主要方式之一，常用于 GNSS 控制网测量，在 GNSS 测量实习中，主要实习内容即为静态(或快速静态)相对定位。

6. 动态相对定位

动态相对定位采用相对定位方法确定动态 GNSS 接收机的空间瞬时位置并由此生成接收机的运动轨迹，常用于测定移动平台的运动轨迹和运动参数。

7. RTK

载波相位实时动态差分定位(RTK)，是实时处理两个测站载波相位观测值的差分方法，是动态相对定位的一种实施方式，定位过程中将架设在已知点上的基准站采集的载波相位观测值(或者差分定位误差改正信息)通过数据链发送给用户接收机进行实时差分定位解算，是一种实时高精度动态定位方法，通常可获得厘米级定位精度。在本实习中可用 RTK 方法测量精度要求不高的图根控制点和碎部点坐标。

RTK 定位测量过程中，至少有两台 GNSS 接收机进行同步观测。相对定位的两台 GNSS 接收机中通常有一台处于静止状态，称为参考站或基准站，另一台接收机处于运动状态称为移动站，基准站发送差分信号，移动站接收差分信号并实时解算接收机位置坐标。

3.2 GNSS 控制网

当前的技术发展状态下，各等级控制网已大部分使用 GNSS 施测，特别是各等级平面控制网。

采用 GNSS 定位技术建立的测量控制网即为 GNSS 控制网，由 GNSS 控制点和基线组成，如图 3-1 所示。

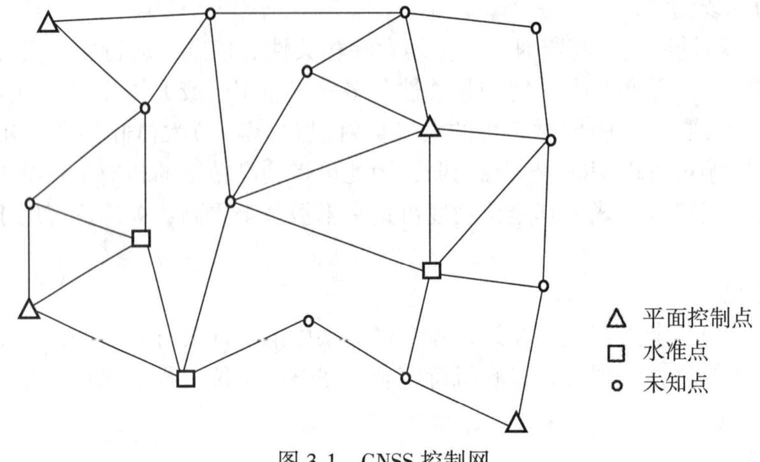

图 3-1　GNSS 控制网

GNSS 网采用静态相对定位方法测定，一般由多台(至少 3 台)GNSS 接收机实施测量。GNSS 网的基本单元是基线，GNSS 基线由同步观测的 GNSS 控制点间连线组成，如图 3-1 中的点与点之间的连线。基线两端的测站同步观测并进行相对定位处理解算，结果通常用一个基线向量(同步观测的 GNSS 观测数据解算出的接收机之间的二维或三维坐标差)来表达。同步观测的测站间定位误差存在很大的相关性，测站间相对定位精度通常都很高，即基线向量往往具有很高的测量精度，因而由基线组成的整个控制网也具有较高的相对定位精度。因此，GNSS 控制网是高精度控制网的最主要形式。

如图 3-1 所示的 GNSS 控制网中，由多条基线首尾相连构成的图形称为闭合环，由同步观测的基线构成的闭合环称为同步环。

在地面数字测图的控制测量以及遥感成图控制测量中，使用 GNSS 接收机按 GNSS 控制测量方法进行，GNSS 控制网测量流程如图 3-2 所示。

3.2.1　GNSS 网的设计

1. GNSS 网的设计依据

GNSS 控制网的设计以相关测量规范和项目实际需求为依据，针对项目需求分别进行方案设计和施工设计，除此之外还应充分收集已有的测绘资料。

根据我国 GNSS 测量规范的规定，GNSS 测量按照精度和用途分为 A、B、C、D、E 级。A 级 GNSS 网由卫星定位连续运行基准站构成，B、C、D、E 级的精度应不低于表 3-1 中的要求。

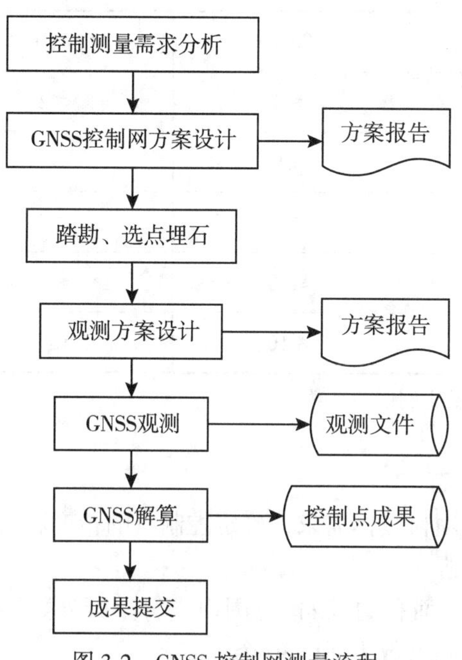

图 3-2 GNSS 控制网测量流程

表 3-1 **GNSS 网的精度要求**

级别	相邻点基线分量中误差		相邻点之间的平均距离(km)
	水平分量(mm)	垂直分量(mm)	
B	5	10	50
C	10	20	20
D	20	40	5
E	20	40	3

表 3-1 规定了不同等级 GNSS 控制网的精度指标，适用于较大范围控制网(如国家平面控制网、城市平面控制网)的建立，如规范规定 E 级 GPS 网相邻点之间的平均距离为 3km。在城市测量中，经常在小范围内开展较高精度测量，如各种工程测量、大比例尺地形测图，控制点数量和密度都有更大需求，在这种情况下也可参照执行其他标准，如《卫星定位城市测量技术规范》(CJJ/T 73—2010)中也对 GNSS 网的精度指标进行了规定，根据该规范，各精度等级 GNSS 网的主要技术要求应符合表 3-2 中的规定。

对于城市测量小范围区域控制网，多采用表 3-2 中的二级 GNSS 网作为测量控制网的精度等级，按照该等级要求，基线精度不低于±10mm+5ppm(1×10^{-6})，最弱边相对中误差小于 1/10000。

表 3-2　　**GNSS 网的主要技术要求**

等级	平均边长(km)	a(mm)	$b(1\times10^{-6})$	最弱边相对中误差
二等	9	≤5	≤2	1/120000
三等	5	≤6	≤2	1/80000
四等	2	≤10	≤5	1/45000
一级	1	≤10	≤5	1/20000
二级	<1	≤10	≤5	1/10000

注：a 表示固定误差；b 表示比例误差系数。

2. 控制网踏勘选点埋石

依据相关测量规范和项目具体需求，确定控制点的精度和密度，根据测区具体情况选定控制点并埋设控制点标志。

如图 3-3 所示，测区总面积约 6km² 范围内进行全野外数字测图，布设 GNSS 控制网作为首级控制网，布设控制点数为 20～30 个。

根据基本需求进行选点埋石，选点时应充分考虑 GNSS 观测信号，控制点选点时应选择卫星信号较好的地方。GNSS 测量时控制点间虽不要求能通视，但为了便于后期使用，每个控制点应至少与一个其他控制点间通视。在选点时应充分考虑以下几项因素。

(1)控制点应能满足后续测量使用要求，一般成对选择，作为后续图根导线测量的起算边使用，一对点之间是通视的。

(2)为便于后续使用，点应选择方便到达的地方，地面稳固，便于后续架设仪器并开展测量工作。

(3)控制点对空视野良好，高度角 15°以上区域不宜有成片的障碍物，特别是金属障碍物，尽可能避开浓密的树林区域。

(4)尽可能远离大功率无线电发射源，如电视台、电台、通信基站等，避开高压输电线。

(5)避开大面积水域、镜面建筑物等以减弱多路径效应的影响。

(6)点位的编号和命名应统一进行。

根据以上具体的点位要求和选点原则，测区选定的控制点如图 3-3 所示，控制点数共计 23 个。

3. 控制网构建

控制点选定后，依据测量规范，考虑控制点数量、使用的 GNSS 接收机数量、方便实施观测等因素，设计 GNSS 控制网的网形并计算平均重复设站数(平均观测时段)。

测量规范中对各等级 GNSS 控制网的构建都有相关规定，如《卫星定位城市测量技术规范》(CJJ/T 73—2010)中对各等级 GNSS 网作业的基本要求应符合表 3-3 中的规定。

图 3-3　测区及 GNSS 控制点示例

表 3-3　**GNSS 网的主要技术要求**

项目	观测方法	二等	三等	四等	一级	二级
卫星高度角(°)	静态	≥15	≥15	≥15	≥15	≥15
有效观测同类卫星数	静态	≥4	≥4	≥4	≥4	≥4
平均重复设站数	静态	≥2.0	≥2.0	≥1.6	≥1.6	≥1.6
时段长度(min)	静态	≥90	≥60	≥45	≥45	≥45
数据采样间隔(s)	静态	10~30	10~30	10~30	10~30	10~30
PDOP 值	静态	<6	<6	<6	<6	<6

参照规范中的相关规定，对图 3-3 所示的控制点构建控制网，形成 GNSS 测量网如图 3-4 所示，23 个 GNSS 控制点，使用 7 台 GNSS 接收机测量，设计观测 6 个时段形成 6 个同步观测环，所有接收机共设站观测 41 个时段，平均重复设站数约 1.8 个，符合表 3-3 中平均重复设站数≥1.6 的规定，构网之后平均基线长度 0.42km。具体网形及同步观测环如图 3-4 所示。

GNSS 控制网构网并非唯一固定形式，图 3-3 所示的控制点也可构建成如图 3-5 所示的 GNSS 测量网，相同的 23 个 GNSS 控制点，7 台接收机同步观测 6 个时段，所有接收机共设站观测 39 个时段，平均重复设站数约 1.7 个。

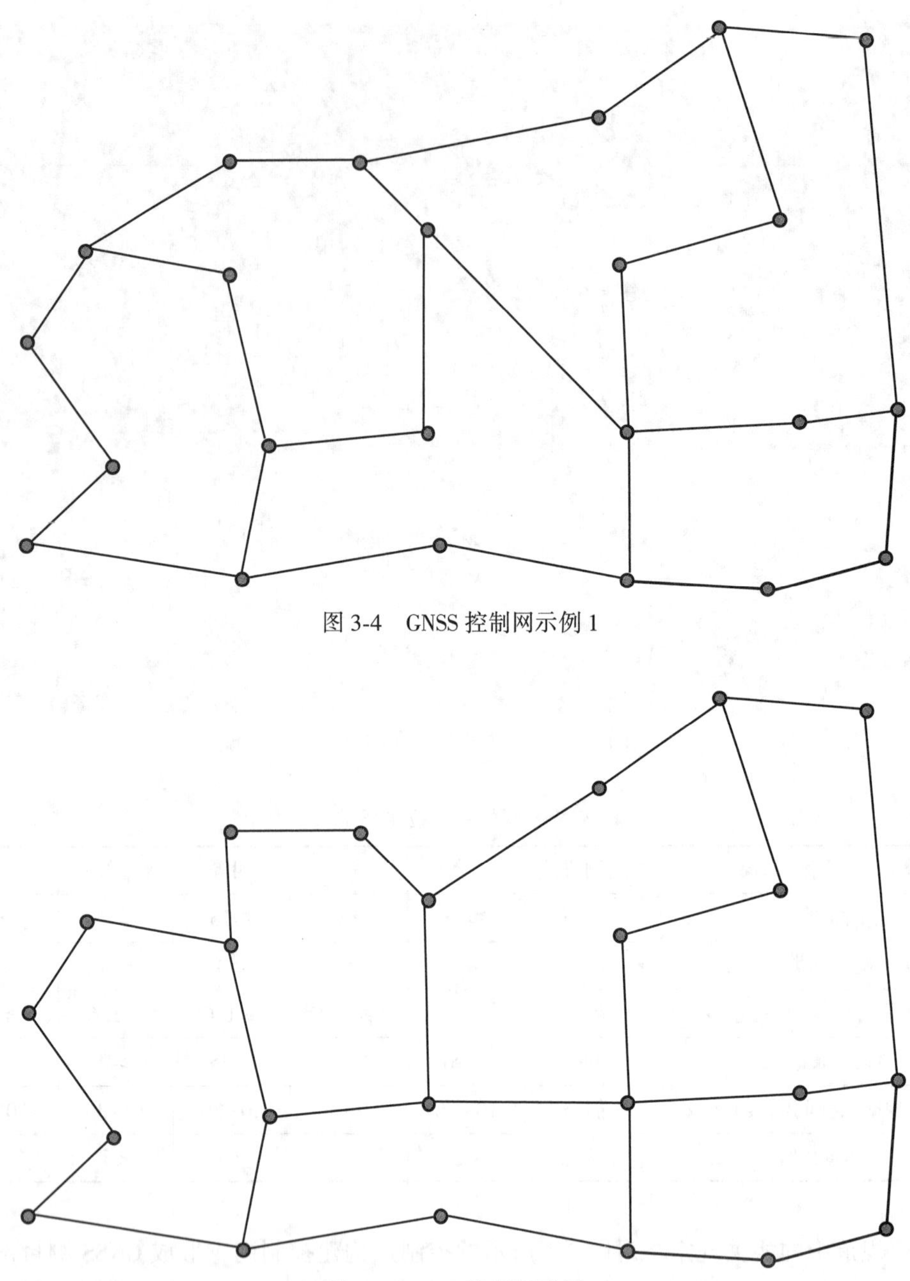

图 3-4　GNSS 控制网示例 1

图 3-5　GNSS 控制网示例 2

3.2.2　GNSS 网的观测与数据处理

GNSS 控制网设计完成后，需进一步进行观测设计，设计每个观测时段(从测站上开始接收卫星信号起至停止接收卫星信号间的连续工作的时间段)的测站。如图 3-4 所示控制网中的闭合环为同步控制环，即处于同一个环上的控制点将在同一个观测时段同步观测，图中所示为 6 个同步环即需要观测 6 个时段。根据同步观测环制订观测计划和仪器调度计划，制订计划过程中应充分考虑迁站过程中的通达性和迁站时间，合理安排各台仪器的迁站路线，制订每个时段每个测站的仪器调度计划。

每个时段的观测时间可按表 3-3 的规定执行，表 3-3 规定了使用静态观测法观测的时段长度和数据采样间隔，如二级 GNSS 网观测时段长度不少于 45min，数据采样间隔 10~30s。如采用快速静态观测法，也可参照表 3-4 的 E 级控制网相关规定执行。

表 3-4　　**GNSS 网的主要技术要求**

<table>
<tr><th colspan="3">级别
项目</th><th>AA</th><th>A</th><th>B</th><th>C</th><th>D</th><th>E</th></tr>
<tr><td colspan="2" rowspan="2">采样间隔(s)</td><td>静态</td><td>30</td><td>30</td><td>30</td><td>10~30</td><td>10~30</td><td>10~30</td></tr>
<tr><td>快速静态</td><td>—</td><td>—</td><td>—</td><td>5~15</td><td>5~15</td><td>5~15</td></tr>
<tr><td rowspan="4">时段中任一卫星有效时间(min)</td><td colspan="2">静态</td><td>≥15</td><td>≥15</td><td>≥15</td><td>≥15</td><td>≥15</td><td>≥15</td></tr>
<tr><td rowspan="3">快速静态</td><td>双频+P 码</td><td>—</td><td>—</td><td>—</td><td>≥1</td><td>≥1</td><td>≥1</td></tr>
<tr><td>双频全波长</td><td>—</td><td>—</td><td>—</td><td>≥3</td><td>≥3</td><td>≥3</td></tr>
<tr><td>单频或双频全波长</td><td>—</td><td>—</td><td>—</td><td>≥5</td><td>≥5</td><td>≥5</td></tr>
</table>

观测完成后在 GNSS 数据处理软件中进行数据处理解算，解算处理过程及方法详见附录 4，解算结果应满足表 3-2 所规定的精度指标。参照表 3-2 规定的精度指标，二级 GNSS 控制网基线精度要求，基线长度中误差小于±10mm+5ppm，最弱边相对中误差小于 1/10000。

3.3 RTK 测量

RTK 技术可以在很短的时间内获得厘米级的定位精度，广泛应用于图根控制测量、施工放样、工程测量及地形测量等领域。在大比例尺成图中，RTK 技术通常可用于图根控制点测量和碎部测量。如 1：500 比例尺成图中，图根控制点中误差一般为±5cm，地形特征点中误差一般小于±20~30cm，这些等级的测量都可使用 GNSS 的 RTK 测量。在相对较为空旷、GNSS 信号好的地方，使用 RTK 测量的效率较之全站仪测量更高一些，成果精度也更高。RTK 也有一些缺点，主要表现在需要基准站支持，误差随移动站到基准站间距离的增加而变大。另外，卫星信号是 RTK 测量的关键，在信号被遮挡或因为其他原因信号不佳时，定位结果精度无法满足要求。

利用 RTK 测量时，如不是采用网络 RTK 技术，则至少需配备两台 GNSS 接收机，一台固定安放在基准站上，另外一台作为移动站进行点位测量。在两台接收机之间还需要数据通信链，实时将基准站上的观测数据发送给移动站。需要 RTK 软件对移动站接收到的数据(卫星信号和基准站的信号)进行实时处理，其主要完成双差模糊度的求解、基线向量的解算、坐标的转换。

RTK 的作业步骤一般包括如下六项。

(1)选择合适的位置架设基准站。如果使用外挂电台，将电台和主机、电台电源、电台和发射天线连接好，并对基准站进行参数设置。RTK 测量时会受到基准站、移动站观测卫星信号质量的影响，同时也受到两者之间无线电信号传播质量的影响。移动站由作业时观测点位确定，所以基准站的选择非常重要，一般要求视野开阔，对空通视良好，周围 200m 范围内不能有强电磁波干扰，高度角 15°以上不能有成片障碍物。

(2)对移动站进行对应参数的设置。

(3)利用 RTK 软件建立作业工程。

(4)坐标系转换，利用测区内已知点，将 GNSS 接收机之间测量的坐标转换到工程作业需要的坐标系统中。

(5)进行点位测量、放样等作业。

(6)成果的输出，将测量或放样的点位坐标导出。

如需使用网络 RTK(如千寻位置服务)，首先要求使用的接收机应能支持网络 RTK，其次应开通网络 RTK 服务，在这些条件下，直接使用 GNSS 接收机的网络 RTK 功能进行测量。

第 4 章　地面数字测图

地面数字测图遵循“从整体到局部，先控制后碎步”的总体原则，依次进行测图任务分析、测区踏勘与总体方案设计、控制方案设计、控制测量、碎部测量、地形图绘制等工序。地面数字测图流程如图 4-1 所示。

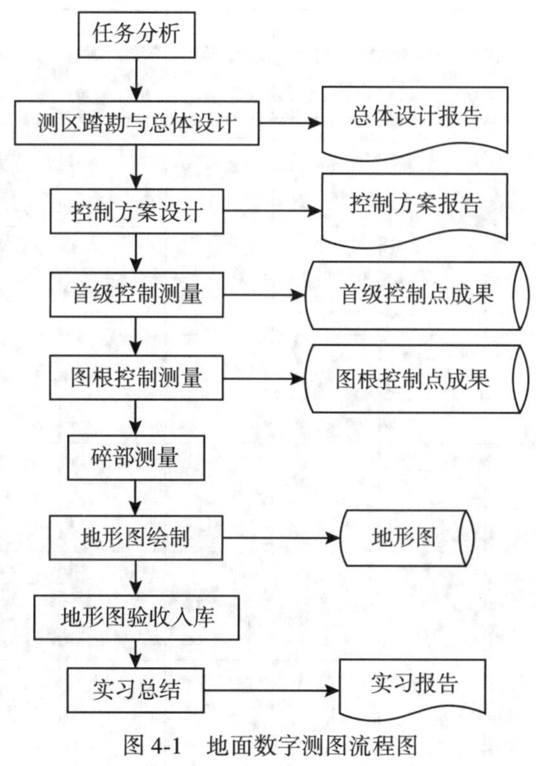

图 4-1　地面数字测图流程图

4.1　测图任务分析

测图小组拿到任务图幅范围后，根据图幅界定的范围分析本组任务。地面数字测图(亦称全野外数字测图)针对大比例尺地形图，采用矩形分幅，如图 4-2 所示的测区分幅图，图幅以西南角直角坐标(如 CGCS2000 坐标系的高斯投影坐标)的形式给出，如图 4-3 所示的图幅为 80. 25~33. 50，表示其图幅西南角坐标为(80250，33500)，单位为米。由于各图幅之间地物地貌复杂程度不尽相同，每个图幅的工作量也不尽相同，各测图小组需对本组的任务进行客观分析。确定图幅任务之前首先需要收集制作本小组的工作底图，图4-3即可作为图幅80.25~33.50，了解图幅的基本情况和图幅范围内地物地貌的复杂程度。工作底图可收集公开的地图资料制作，如依据互联网地图(如百度地图、高德地图、腾讯地图、天地图等)收集资料。

互联网地图服务一般不能提供与测图坐标系相同的坐标，为确认图幅范围在实地的具体位置，一般需要到图幅所在实地进行现场踏勘，可预先将图幅范围对应的直角坐标转换成经纬度坐标，用GNSS导航设备(如手机、平板电脑等)显示的实地导航坐标与图幅坐标进行比对，可较为精确地确认图幅坐标所在实地的位置。之后实地了解图幅范围内的地物地貌，构思测图技术方案，初步确定控制点的位置，特别是需要使用GNSS测量的控制点的观测条件，尽可能避开GNSS卫星信号不佳的区域。

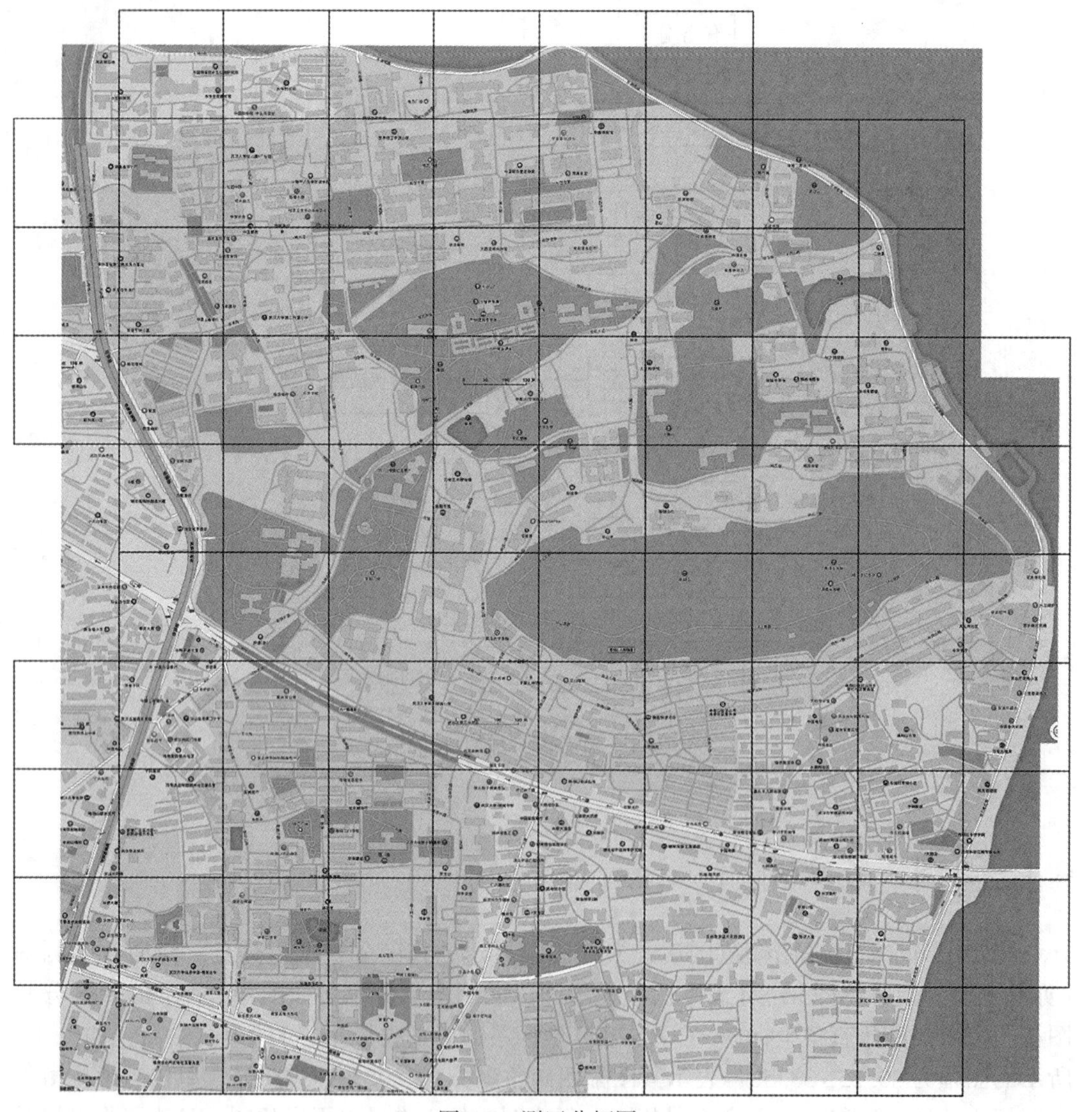

图4-2 测区分幅图

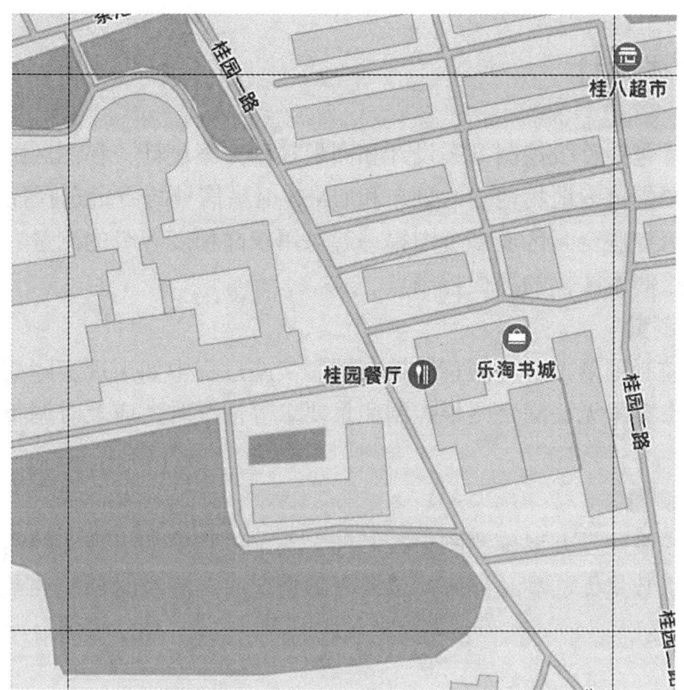

图 4-3　图幅 80.25~33.50

4.2　测区踏勘与总体设计

踏勘指测量人员到待测区域了解实地的具体情况，主要任务包括：确定图幅实地位置、了解测区的地物地貌分布情况、初步选定控制点位置。

测图底图一般不能提供精确的测图坐标系坐标，为确认图幅范围在实地的具体位置，一般需要到图幅所在实地进行现场踏勘，确认图幅坐标所在实地的位置，并在实地了解图幅范围内的测图要素及地物地貌复杂程度，构思测图技术方案，初步确定控制点的数量和分布，确认 GNSS 测量时的观测条件，尽可能避开 GNSS 卫星信号不佳的区域。由于 GNSS 导航设备可能存在 10m 甚至更大的定位误差，在确定图幅实地范围的过程中应往外延一定的距离。踏勘过程中，重点了解测区地物地貌特征，了解碎部点的密集程度，了解 GNSS 的观测条件，尽可能避开 GNSS 卫星信号不佳的区域。初步构思测区首级控制点分布及图根控制点的走向与分布，在此基础上进行总体设计。

总体设计内容主要包括：任务概述、平面控制测量方案、高程控制测量方案、碎部测量、成果评估与验收。任务概述介绍测区简介、任务量描述、周期、人员、使用仪器、初步总体计划；平面控制测量方案和高程控制测量方案分首级控制和图根控制，介绍测量方法、测量精度等级、测量要求、合格判据(各项限差)、任务安排与计划；碎部测量针对本测区的基本情况描述测量方案、工期安排；成果评估与验收描述基本方法、验收合格判据等。

4.3　控制方案设计

控制方案设计包括首级控制方案设计和图根控制方案设计，在测区踏勘和总体设计的基础上，针对本图幅范围地物地貌的分布和 GNSS 卫星信号的质量选择控制点位，设计控制测量方案。首级控制全测区或多个图幅一起采用较高精度等级的测量方法施测，在首级控制点的基础上施测本图幅的图根控制点。

1. 首级控制测量

按设计好的控制测量方案施测首级控制网。实施过程中如出现实际测量精度无法达到设计精度、控制点数量无法满足图根控制测量要求等情况时，应及时调整测量方案，更新控制方案设计。

2. 图根控制测量

按设计好的控制测量方案施测图根控制网。实施过程中如出现实际测量精度无法达到设计精度、控制点数量无法满足碎部测量要求等情况时，应及时调整测量方案，更新控制方案设计。

4.4　首级控制测量

测图遵循"从整体到局部，先控制后碎部"的测量原则，首先对全测区范围进行较高等级的控制测量，也是本测区测量任务的最高精度等级测量，即首级控制测量。首级控制的平面坐标和高程根据精度要求可分别采用不同的测量方法施测，因此分为首级平面控制测量和首级高程测量。

4.4.1　平面控制测量

平面控制测量获取控制点的平面坐标，按照一定的测量方法，对控制网施测，获取控制点在测图坐标系中的平面坐标。测图坐标系一般使用 2000 国家大地坐标系（CGCS2000），对于 1∶500 等大比例尺地图，使用的都是平面直角坐标即北、东坐标，平面控制测量获取的即为 CGCS2000 国家大地坐标系下高斯投影平面直角坐标。

平面控制网的布设应遵循"从整体到局部，分级布网"的原则。首级控制网宜一次全面布设，加密网可分期、越级布设。

城市平面控制网的精度等级一般划分为二、三、四等和一、二、三级。数字测图实习测区面积不大，控制网的控制区域一般不足 $5km^2$，控制网的等级数无需过多，一般在首级控制网的基础上直接进行图根控制测量，因此首级控制点的精度等级无需很高，如按二级或三级精度要求实施。首级控制测量应采用不低于三级的控制测量等级进行测量。

1. 平面控制测量方法

平面控制测量通常采用 GNSS 控制测量、导线测量、三角网测量和交会测量等方法。

目前，GNSS 控制测量和导线测量已成为建立城市平面控制网的主要方法。

GNSS 定位技术已被广泛应用于建立各种级别、不同用途的 GNSS 控制网。在这些方面，GNSS 定位技术已基本取代了常规的控制测量方法，成为控制测量的主要方法。较之于导线测量、三角网测量等常规测量方法，GNSS 控制测量在布设控制网方面具有测量精度高、选点灵活、观测时间短、观测和数据处理全自动等特点。但由于 GNSS 定位要求测站上空开阔，以便接收卫星信号，因此 GNSS 控制测量不适合隐蔽区域，在城市高楼林立、树木茂盛的区域会受到一定的限制。对于 GNSS 受限制区域，常规的控制测量方法则可以对 GNSS 控制测量进行弥补。因此在数字测图的控制测量中常采用 GNSS 控制测量与导线测量相结合的方式，充分发挥各自的优点，弥补单一测量方法的不足。

2. 首级平面控制设计

首级平面控制测量以 GNSS 控制测量为主，控制网的精度指标应满足相关测量规范要求。

3. 首级控制测量数据处理

使用 GNSS 进行首级控制测量，其数据处理在 GNSS 后处理软件中完成。一般选用 GNSS 接收机厂家提供的后处理软件自动进行数据处理，如使用广州南方测绘科技股份有限公司生产的 GNSS 接收机施测，则最好使用该公司的数据处理软件进行数据处理，不用进行数据格式转换，避免在数据转换过程中损失部分观测数据。

对于 GNSS 静态测量控制网，其数据处理主要包括基线解算和网平差两部分，按处理软件中定义的测量工程和处理流程，依次完成基线解算和网平差处理，处理过程中按数据质量要求对成果进行控制，完成计算后输出处理结果。

4. 技术设计报告

技术设计报告是首级控制测量的基础和依据，是 GNSS 测量实施过程中的指导性文件和关键技术文件，技术设计报告应主要包含如下内容。

(1)概况：介绍 GNSS 首级控制的目的、作用、精度等级，介绍测区的基本情况和控制点的需求情况，以及其他在进行技术设计和实际作业中需了解的基本信息。

(2)技术依据：介绍 GNSS 测量所依据的测量规范、行业标准以及其他相关的技术要求等。

(3)施测方案：介绍测量所使用的仪器设备的种类、精度等级、数量，采用的布网方法和控制网基本情况。

(4)测量作业要求：规定选点埋石要求，规定外业观测时的具体操作规程、技术要求(如接收机的采样时间间隔、截止高度角、测量模式等仪器参数)以及对中精度、整平精度、天线高量测方法等操作要求。

(5)观测质量控制：介绍外业观测质量要求，包括质量控制方法及各项限差要求，如基线中误差、相对误差、Ratio 值、同步/异步环闭合差、点位中误差等精度指标要求。

(6)数据处理方案：介绍详细的数据处理方案，包括基线解算和网平差处理所采用的软件和处理方法。

(7)提交成果：规定提交成果的类型及形式。

4.4.2　高程控制测量

全测区采用统一的高程基准，一般采用 1985 国家高程基准。如果实习测区范围内无高程起算点，实习中也可采用自定义的独立高程基准，如由 GNSS 测量得到的某一点的大地高为基准定义高程系，其他所有的控制点以该高程为基准测得。

高程控制网的布设也应遵循“从整体到局部，分级布网”的原则，首级控制网宜一次全面布设。

城市高程控制网的精度等级一般划分为一、二、三、四等，数字测图实习测区较小，首级高程控制网可采用四等高程控制网。高程控制网的等级数无需过多，一般在首级高程控制网的基础上直接进行图根高程控制测量。

1. 高程控制测量方法

主要通过水准测量方法建立高程控制，在地面起伏较大、水准测量较难实施的地方，可通过 GNSS 测量或三角高程导线测量方法建立高程控制。在实习过程中，一般综合使用多种高程测量方法，以使实习者更好地掌握各种高程测量方法，理解各种方法的优缺点。

高程控制点一般与平面控制点重合，即直接测量平面控制点的高程。对于首级控制点，使用 GNSS 测量并解算控制网的平面坐标和大地高后，再采用水准测量的方法联测较平坦区域的首级控制点，更新其高程值。对于地面起伏较大区域的首级控制点，因难以实施水准测量，故不再进行水准测量，但需要依据水准测量得到更新后的高程来更新未进行水准测量的部分首级控制点的高程。

由于整个测区范围较小，水准测量线路一般不会很长，因此可直接按单一水准线路设计测量线路，也可设计成水准网，有更多的多余观测值。

水准测量由各小组分别展开，为保证测量结果的可靠性以及更好地达到实习目的，水准测量过程中，每段高差宜往返观测，取高差中数作为该段高差观测值。

图 4-4 所示为与图 4-2 中位置相同的 9 幅图的图幅范围，共布设首级控制点 22 个，其中 4 个点在山顶而难以进行水准测量，其他 18 个点间进行水准测量，设计共观测 21 段高差(图 4-4 中两控制点间的连线，其实际水准线路并非直线)形成水准网，包含 4 个闭合环，水准线路总长约 11km。

对于首级控制网中没有使用水准测量测定高程的首级控制点，直接利用由 GNSS 测定的高差和其他控制点的绝对高程计算更新其高程值。

2. 测量精度要求与指标

四等水准测量通常使用 DS3 级水准仪，如使用 DS3 级光学水准仪，所有数据均通过读取水准尺得到，读数过程中，可通过读取上下丝读数计算视距，也可直接读取视距。观测顺序一般要求为“后—前—前—后”，也可使用“后—后—前—前”的观测顺序。当水准路线为附合路线或闭合环时，可采用单程测量。

采用四等水准测量测定首级控制网平坦地区控制点的高程，敷设水准线路过程中，不同等级水准线路长度规定如表 4-1 所示。

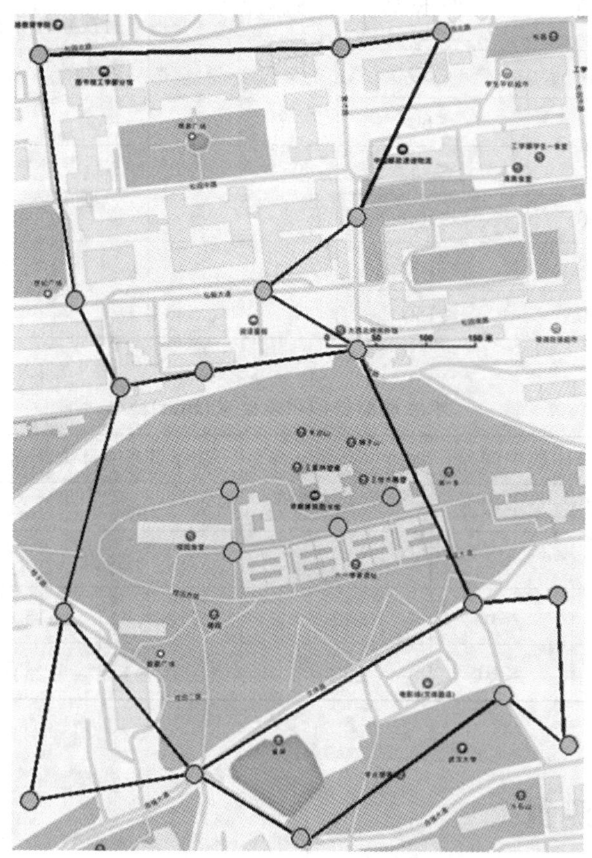

图 4-4 首级控制网水准测量线路

表 4-1 **水准测量规范要求**

高程控制点间距离 （测段长度 km）	建筑区	1~2
	其他地区	2~4
环线或附合于高级点间 路线最大长度（km）	二等	400
	三等	45
	四等	15

图 4-4 所示为 18 个控制点间的水准测量线路总长，约 11km，共观测 21 段高差形成水准网，其中最大的环线长约 7km。对于平坦地区，如敷设水准线路长度较短，也可直接使用单一水准线路，不构成网状。

测量过程中视线长度、视距差、视线高度等要求如表 4-2 所示。水准测量高差各项限差如表 4-3 所示，其中 L 为水准路线长度，以千米为单位。

表 4-2　　**水准测量规范要求(m)**

等级	仪器类型	视线长度	前后视距差	任意测站上前后视距差累积	视线高度
二等	DS1	≤50	≤1	≤3	下丝读数≥0.3
	DS05	≤60			
三等	DS3	≤75	≤2	≤5	三丝能读数
	DS1、DS05	≤100			
四等	DS3	≤100	≤3	≤10	三丝能读数
	DS1、DS05	≤150			

表 4-3　　**水准测量各项限差要求(mm)**

等级	每千米高差中数中误差		测段、路线的往返测高差不符值	附合路线或环线闭合差		检测已测测段高差之差
	偶然中误差	全中误差		平原、丘陵	山区	
二等	≤1	≤2	$\pm 4\sqrt{L}$	$\pm 4\sqrt{L}$		$\pm 6\sqrt{L}$
三等	≤3	≤6	$\pm 12\sqrt{L}$	$\pm 12\sqrt{L}$	$\pm 15\sqrt{L}$	$\pm 20\sqrt{L}$
四等	≤5	≤10	$\pm 20\sqrt{L}$	$\pm 20\sqrt{L}$	$\pm 25\sqrt{L}$	$\pm 30\sqrt{L}$

4.5　图根控制测量

为满足大比例尺测图需要而建立起来的直接供测图使用的控制点，称为图根控制点，简称图根点。城市各等级控制点的密度一般无法满足测图需求，往往需要在等级控制点的基础上进一步加密，布设一定数量的图根控制点。数字测图实习的测图区域一般较小，首级控制点的密度相对较大，图根控制测量一般直接在首级控制的基础上展开。

图根控制测量相对于各等级控制测量来说，控制点密度较大，点间距较小(一般小于100m)，其精度等级也较低，可将平面控制测量和高程控制测量同时进行，也可分别施测，但一般不再单独对控制点进行水准测量。

4.5.1　图根控制测量方法

图根控制测量可采用 GNSS 控制测量、导线测量、交会测量等方法，测量过程中同时施测平面坐标和高程，如使用 GNSS 控制测量则同时获取平面坐标和高程，使用导线测量或交会测量等测角测距，则按三角高程方法同时测量图根控制点的高程。

1. GNSS 测量

GNSS 适合于在较开阔地区测量图根控制点，测量时对空无大面积遮挡，能收到足够的符合质量要求的卫星信号。GNSS 图根控制点应成对选取，成对的两点之间应能通视，以便于在碎部测图过程中使用。可采用 GNSS 快速静态测量方法，也可使用 GNSS RTK 测量图根控制点。

当使用 GNSS 快速静态测量方法时，宜采用不少于 3 台以上的接收机同步观测，其中一台架设在已知的首级控制点上，另外两台接收机架设在成对的图根控制点上，如图 4-5 所示，在较为开阔的广场上选择了两个图根控制点，与首级控制点同步观测，3 台接收机之间形成闭合条件，确保 GNSS 测量结果没有粗差，提高图根控制点的可靠性。

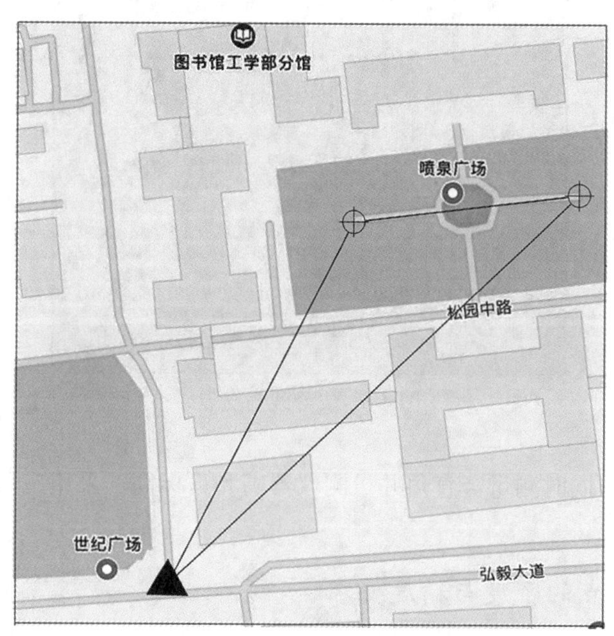

图 4-5　GNSS 测量图根控制点

当使用 GNSS RTK 进行测量时，基准站架设在已知的图根控制点上，移动站测量图根控制点，保证移动站与基准站之间的距离不超过有效的通信范围，逐一测量图根控制点。每一个图根控制点必须至少与另一个控制点通视以便后续测量过程中定向，通视的控制点宜多于一个，在使用 GNSS RTK 图根控制点之前宜使用全站仪测定 RTK 测得的图根控制点之间距离，检查图根控制点坐标，确保控制点不存在粗差。

2. 图根控制导线测量

对于 GNSS 卫星信号不佳的区域，如较高大建筑物边、茂盛的树木下等信号被遮挡的位置，使用 GNSS 测量得到的结果往往误差较大或存在粗差，这些地方较适于采用导线测量方法测量图根控制点。在城市测量中，大部分测图区域 GNSS 观测条件都不理想，难以满足 GNSS 高精度测量，因此城区图根控制经常使用导线测量。

图根控制导线测量的控制点布设线路较为自由，只要保证前后通视的地方均可布设图根控制点，特别是地物密度较大、GNSS 信号相对较差的区域更适合布设导线点。

除采用附合导线和闭合导线外，在有些地物较零碎、导线不便于通过的地方也可布设支导线或支点，如图 4-6 所示。使用支导线时必须严格控制检查，避免测量过程中出现粗差。一般严格要求按三联脚架法进行支导线测量，支导线的边数一般不超过 2 条，总边长不超过定向边长的 3 倍。支点也应采用脚架测量，避免重复对中造成的较大误差。

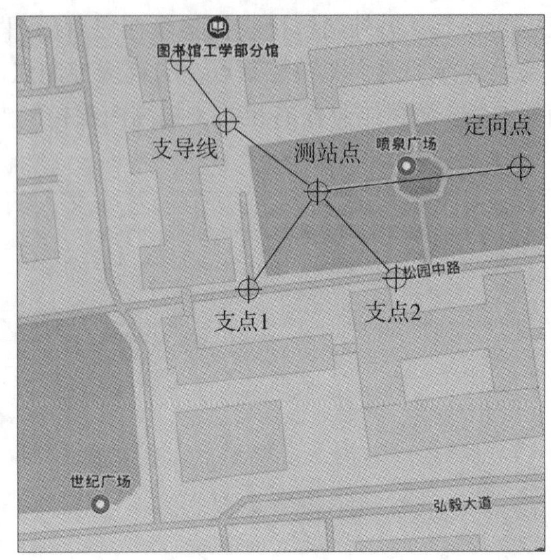

图 4-6　支导线与支点

导线测量过程中同时测量竖直角并量测仪器高和目标高，采用三角高程的方法测量图根控制点的高程。

4.5.2　图根控制点的密度与精度要求

1. 图根控制点密度

图根控制点的密度与地形类别和地物地貌复杂程度有关，地形类别根据地面起伏及坡度可划分为平地、丘陵地、山地和高山地四种类别，详细的划分原则如表 4-4 所示。

表 4-4　**地形类别划分原则**

地形类别	划分原则
平地	大部分地面坡度在 2°以下
丘陵地	大部分地面坡度在 2°~6°以下
山地	大部分地面坡度在 6°~25°以下
高山地	大部分地面坡度在 25°以上

平坦开阔地区图根控制点的密度一般应满足表 4-5 的规定，每幅图不少于 4 个；地形复杂、隐蔽及建筑物密集区域，控制点的密度应根据测图具体情况加密，一般远大于平坦地区。

表 4-5　　**平坦开阔地区图根点密度(点/km²)**

测图比例尺	1 : 500	1 : 1000	1 : 2000
图根点密度	≥64	≥16	≥4

2. 图根控制点精度

图根控制点的平面精度取决于测图比例尺，高程精度则取决于测图采用的等高距。具体精度要求如表 4-6 所示。

表 4-6　　**图根点点位中误差**

中误差	相对于图根起算点	相对于邻近图根点	
点位中误差	图上 0.1mm	图上 0.3mm	
高程中误差	1/10×*H*	平地	1/10×*H*
		丘陵地	1/8×*H*
		山地、高山地	1/6×*H*

注：表中 *H* 为基本等高距。

测图基本等高距 *H* 取决于地形类别和测图比例尺，不同地形类别和测图比例尺的基本等高距如表 4-7 所示。

表 4-7　　**测图基本等高距(m)**

地形类别	测图比例尺		
	1 : 500	1 : 1000	1 : 2000
平地	0.5	0.5	0.5(或 1)
丘陵地	0.5	0.5(或 1)	1
山地	1(或 0.5)	1	2
高山地	1	1(2)	2

测图实习区域一般在较为平坦的地方，地形类别为平地，测图比例尺一般为 1 : 500，图根点中误差如表 4-8 所示。

表 4-8　　**平地 1 : 500 测图图根点中误差**

中误差	相对于图根起算点	相对于邻近图根点
点位中误差	0.05m	0.15m
高程中误差	0.05m	0.05m

按照以上图根控制点精度要求，当采用 GNSS 测量图根控制点时，其对应的精度要求应满足表 4-9 的规定。

表 4-9　　**GNSS 图根控制点精度要求**

等级	相邻点间距离(m)	基线中误差(m)	边长相对中误差
图根	≥100	≤0.05	≤1/4000

注：困难地区相邻控制点间距离可缩短至表中规定的 2/3。

当采用图根导线测量控制点时，导线的布设及测量精度要求应满足表 4-10 的规定。

表 4-10　　**图根导线测量技术指标**

测图比例尺	附合导线长度(m)	平均边长(m)	导线相对闭合差	方位角闭合差
1∶500	900	80	≤1/4000	$\leq\pm40\sqrt{n}$
1∶1000	1800	150		
1∶2000	3000	250		

注：n 为测站数。

图根导线采用三角高程测量控制点高程，主要技术指标应符合表 4-11 中的规定。

表 4-11　　**图根三角高程测量技术指标**

竖角指标差较差	对向观测高差较差(m)	各方向推算的高程较差(m)	单一导线总边数	高程导线闭合差
≤25″	$\leq0.4\times S$	$\leq0.4\times H$	≤12	$\pm40\sqrt{D}$

注：S 为边长(km)；H 为基本等高距；D 为总边长。

4.6　碎部测量

碎部测量以控制点(图根控制点或高等级控制点)为基础，测定地物地貌的平面位置和高程，并将其绘制成地形图。碎部测量过程中，测量地物地貌的特征点，由特征点及其构成的线和面来表达地物地貌。碎部测量利用全站仪、GNSS 接收机等仪器采集碎部点坐标信息，在计算机中利用数字成图软件进行地形图成图。

4.6.1　碎部测量内容与要求

地物地貌是地形图的基本要素。大比例尺地形图碎部测量地物主要包括居民地、道路网、水系、独立地物、管线、土质与植被等几大类，在测制 1∶500 地形图时，几乎所有地面的固定物体都需要测量。城市测量过程中，以居民地的各种建筑物测量最为繁杂；道路网中，一般双线表示道路的轮廓；独立地物相对也较多，包括各种城市部件如各种井盖、立杆等；土质与植被中较多的是各种树木(独立树、行道树)及各种地类界。一般城市测量中，地貌测量内容相对较少，需要单独测量的一般包括各种陡坎、护坡等，较为平坦的区域一般无法绘制等高线，多以高程注记表示地貌。多数情况下，地物的高程一般即可满足地貌测量中对高程点的要求，大面积空旷区域需要单独测定一些高程点进行注记。

1. 地物测量

控制点、水系、居民地及设施、交通、管线、境界、土质与植被被称为七大类地物。地物测量即测定这些地物的特征点并表达成点、线、面的图形。能依比例尺表示的地物，将其水平投影几何形状依比例尺描绘在图上，不能依比例尺表示的点、线状地物则以地物符号表示在地物的中心位置上。

1)控制点

各种测量控制点(数字测图实习中控制测量分首级控制和图根控制两级)，分别以不同的图形符号按控制点坐标绘制到地形图上，并标记点名、点号、高程等信息。

2)水系

水系包括江、河、湖、海、水库、池塘、沟渠、泉、井等自然和人工水体。水系均应测定其特征点并表示到地形图上，有名称的应注记名称。江、河、湖、水库、池塘等有水涯线的水体，应测定水涯线的位置形状以线状或封闭的面状图形表示；沟渠在图上宽度大于1mm的实测外肩线用双线表示，否则实测中心线用单线表示；泉、井等测定其中心点，以点状图形符号表示，其他的遵照相关规定测定。

3)居民地及设施

主要测定各种居民地的建(构)筑物及附属设施。准确测定各类建(构)筑物及主要附属设施的外围轮廓特征点，连线以多边形反映建筑结构的平面形状特征。房屋轮廓以墙基外角为准，需标注建筑结构和层数，结构应从建筑物的主题部分来判定，层数应以主楼为准。围墙等线状地物，一般测定其中心线，用线状符号表示，图上宽度大于0.5mm的围墙则需要测定外围并依比例尺表示。工矿及设施，准确测定其位置、形状，依比例尺表示其轮廓(面状地物)或不依比例尺表示其中心点位(点状地物)，注记其性质。

4)交通

交通要素包括各种类型及等级的道路及道路附属设施，在大比例尺(特别是1∶500)地形图中，道路一般以双线形式表示，需要测定道路两边特征点并连线表示。道路一般需要注记名称和等级，公路、街道等一般还需标注铺装材料，机动车道、非机动车道、人行道、绿化带等应按地类分开表示。

道路的相交关系需描述清楚，如平面相交、立体相交、多层立体相交等都应按规范正确表达。

5)管线

管线包括地面上管线和地下管线。地面上管线主要为电力线、电信线等，应测定电杆、铁塔位置并标明线路走向。各类管道应准确测定，用相应符号表示并注明输送物质名称。地下管线需测定维修井并标明维修井类别，城市测量中存在大量的维修井，均应标示清楚维修井各自的类别。

6) 境界

当测区范围内有境界及行政区划要素时，在图上应正确反映境界的类型、等级、位置以及与其他区划要素的关系。

7) 土质与植被

土质以地类界标示，对于不同的地面材质应测定材质边界形成地类界并标明地面材质。成片的植被与地类表示相同，标明地类界。独立树应单独测定并用点状地物符号表示；行道树，测定其线状形状并用行道树线状符号表示；成片的树林，测定其边界并标明树的类型。

2. 地貌测量

地貌测量主要通过测定地面点高程来表达地表的起伏形状，起伏较大的地方用等高线表示，较为平坦的地区无法生成等高线的则用高程注记点表示。

地貌有多种形态，如自然的较为平滑的形态、崩塌残蚀后不平滑的形态、斜坡、陡坎等。自然形态的地貌由等高线表示即可，非自然形态的地貌则需要用相应的地貌符号表示，如表示为斜坡、陡坎、陡崖等。

各种地貌形态均应有一定密度的高程注记，平坦地区可只高程注记；绘制有等高线的丘陵区域，其高程注记间隔一般不超过图上 3cm，地貌特征点线如山顶、鞍部、山脊、山谷、山脚等均应注记。平坦地区的高程注记间隔可适当放宽，城市建筑区高程注记建筑物墙角根部、街道中心、维修井盖以及其他空地的中间及倾斜变换处。基本等高距为 0.5m 时，高程注记至厘米，基本等高距大于 0.5m 时可注记至分米。

4.6.2　碎部测量基本方法

碎部测量可使用实测坐标和丈量相结合的方法测定地物地貌特征点，通常使用全站仪测定可以实测的尽可能多的地形特征点；对于无法实测的特征点，如能通过尺寸和地物几何特性(如垂直、平行等几何关系)推测出坐标的，可使用皮尺丈量一些尺寸数据，获得无法实测的特征点坐标。测量过程中应绘制草图配合实测数据记录地形特征。

1. 实测碎部点坐标

按极坐标测量法，将全站仪架在一个控制点上，以另一个控制点定向，设置好全站仪参数，经检查定向点无误后开始按极坐标测量方式逐一测量碎部点坐标。如图 4-7 所示，全站仪在 S_1 点设站，以 S_2 点定向，依次测量 A、B、C、D 等碎部点。

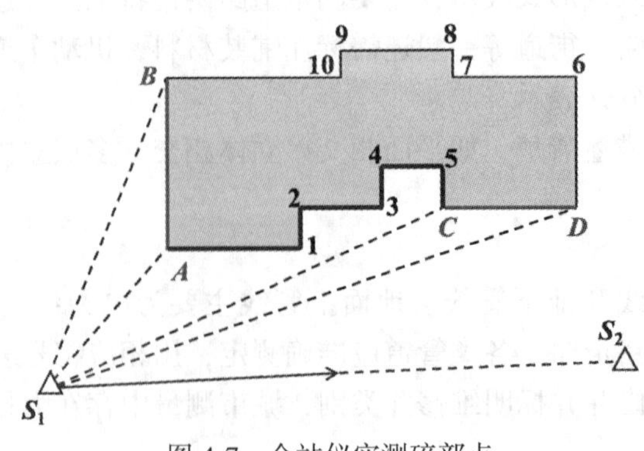

图 4-7　全站仪实测碎部点

2. 皮尺丈量

碎部测量过程中，并非所有碎部点都可以由全站仪或 GNSS 接收机直接测量得到，对于这部分特征点可借助皮尺量边和地物几何特征推求特征点。如图 4-7 所示的地物，*A*、*B*、*C*、*D* 由全站仪直接测量得到，而图中的 1—10 号特征点无法由全站仪直接测量，在满足精度要求的前提下可通过皮尺丈量尺寸，然后依据地物边线之间的平行、垂直关系直接获取并绘制得到。

控制点的分布有一定的密度，全站仪测量过程中经常出现视线遮挡的情况，这些原因必然导致有大量的碎部特征点无法直接测量得到，在点位精度满足测图要求的前提下，皮尺丈量可以得到部分成图数据。如道路的两条边线，在测定其中一条后往往可以通过量宽推算另一条；等间隔或格网状分布的地物，可通过间隔复制坐标；对称的地物，可通过镜像复制另一半等。

3. 草图绘制

工作草图应绘制地物的相关位置、地貌的地性线、测量点号、丈量尺寸记录、地理名称和说明注记等(图 4-8)。草图可按地物相互关系分区域绘制，也可按测站绘制，地物密集处可绘制局部放大图。草图上点号标注应清楚正确，并和测量记录点号一一对应。

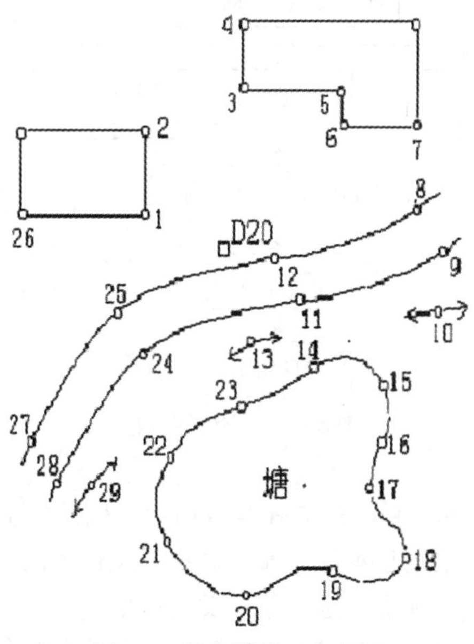

图 4-8　数字测图工作草图

4.7　数字地形图绘制

碎部测量外业数据采集完成后，将测量数据导入电脑，在专业数字成图软件中编辑制图，最终生成数字地形图。数字成图软件有多种，如广东南方数码科技有限公司的 iData 软件，北京山维科技股份有限公司的 EPS 软件，武汉瑞德公司的瑞德数字测图软件，

AutoDesk 公司的 AutoMap 等。本书以南方数码 iData 数据工厂为例介绍数字成图工作。

南方数码 iData 数据工厂以空间数据库 MDB(Personal GeoDatabase)为数据存储格式，搭配地图符号化效果，实现先库后图、以库管图的图库一体化作业方式。一个平台完成数据采集、数据编辑、数据质检、数据自动处理、数据入库等整套测绘数据生产流程，支持直接读写 shp、gdb、dwg 等矢量格式，支持与南方 CASS 数据之间的相互转换，广泛应用于地形图成图、数字城市建库、地理国情普查等。

基础地形成图方法有草图法、简码法、测图精灵成图法和电子平板成图法。目前大比例尺地形图较常使用的是草图法，实习中也以草图法为基本测图方法，在碎部测量过程中绘制草图，内业成图时依据外业所绘草图在成图软件中绘制成图。本节也将围绕此方法介绍在 iData 中进行大比例尺地形图内业成图基本方法，基本作业流程如图 4-9 所示。

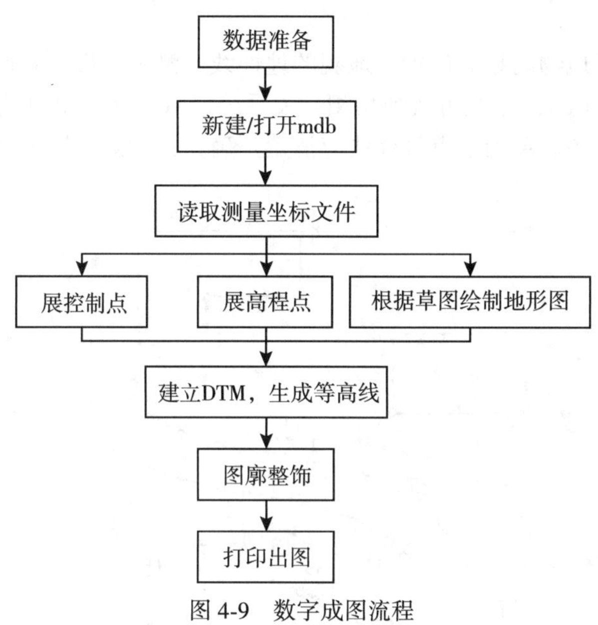

图 4-9　数字成图流程

南方 iData 数据工厂软件的主界面如图 4-10 所示。软件的主要功能区分为菜单选项卡区、控制面板区、工具栏、绘图显示区、命令显示区及状态栏区。各种操作指令可通过多种途径发出，如通过在菜单选项卡中选择菜单发出指令，通过在控制面板中选择绘图对象类型发出绘图指令，或者通过在命令显示区中键入命令发出指令。操作指令输入后，在命令显示区显示指令的操作状态和操作提示，按提示内容完成指令的执行。状态栏用于显示相关状态如实时坐标、比例尺等信息，也可用于切换某些状态如捕捉、极轴、显示选项等。

4.7.1　数据准备

在开始内业成图工作前，需要将成图所需的测量坐标数据文件和对应的草图整理好。外业测量数据一般以点的形式按顺序存储在全站仪或 GNSS 接收机等测量仪器存储器中，有些仪器需要与计算机通过 RS232、USB、蓝牙、LAN 等接口进行连接，有些仪器则直接将存储卡取出与计算机连接。绘图软件一般具有导入数据功能，数据导入时首先连接好计算机与仪器，启动数据导入程序，如有必要还需设置好接口通信协议(如采用 RS232 串口通信时设置相应的通信参数)，然后完成数据导入，坐标串序列导入绘图软件后一般以测量点的形式存在，后续绘图则基于这些测量点进行。测量坐标数据文件支持 dat/txt 两种格式，数据文件中一行表示一个测点记录，每行内容可包含点号、点名、*X* 坐标、*Y* 坐标、*Z* 坐标、附加属性，如图 4-11 所示。

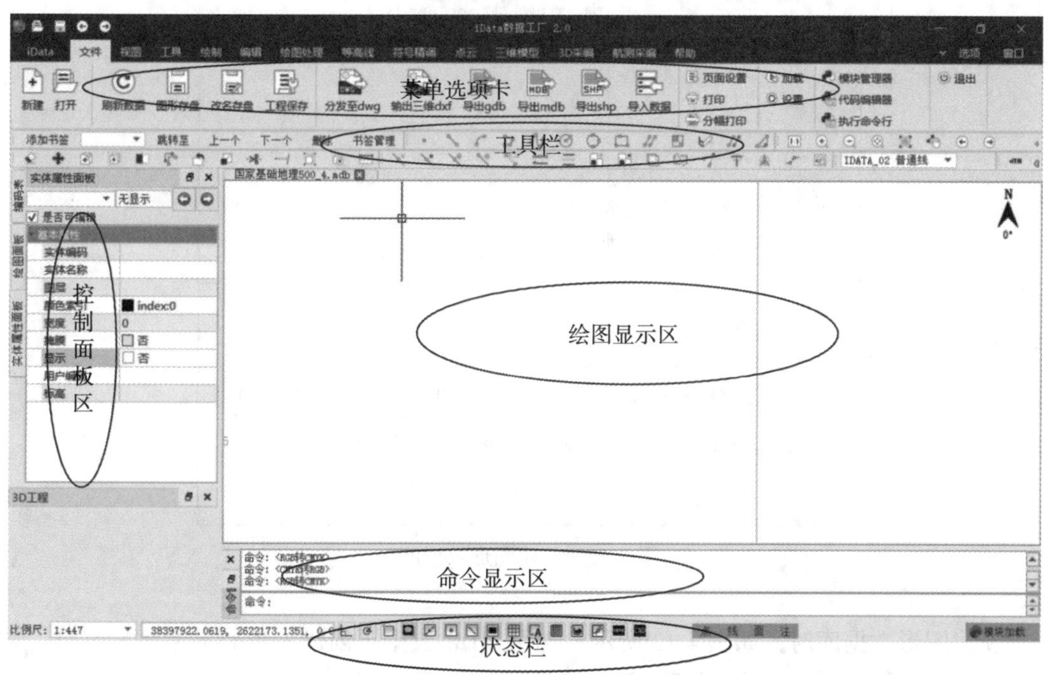

图 4-10　iData 数据工厂软件主界面

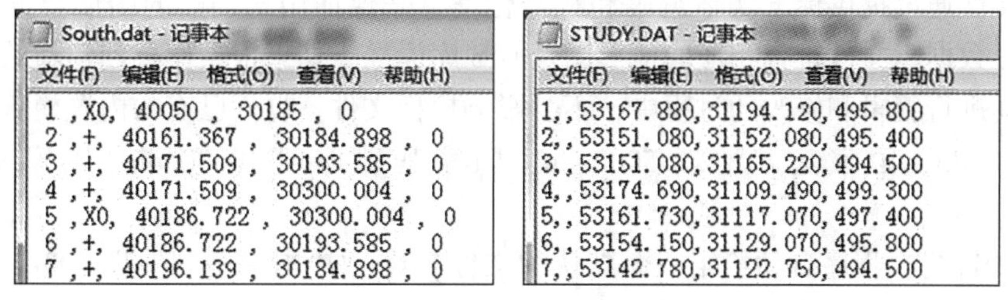

South.dat - 记事本

文件(F) 编辑(E) 格式(O) 查看(V) 帮助(H)

```
1 ,X0, 40050 , 30185 , 0
2 ,+, 40161.367 , 30184.898 , 0
3 ,+, 40171.509 , 30193.585 , 0
4 ,+, 40171.509 , 30300.004 , 0
5 ,X0, 40186.722 , 30300.004 , 0
6 ,+, 40186.722 , 30193.585 , 0
7 ,+, 40196.139 , 30184.898 , 0
```

STUDY.DAT - 记事本

文件(F) 编辑(E) 格式(O) 查看(V) 帮助(H)

```
1,,53167.880,31194.120,495.800
2,,53151.080,31152.080,495.400
3,,53151.080,31165.220,494.500
4,,53174.690,31109.490,499.300
5,,53161.730,31117.070,497.400
6,,53154.150,31129.070,495.800
7,,53142.780,31122.750,494.500
```

图 4-11　测量坐标数据文件

4.7.2　新建/打开图形数据库

iData 数据工厂以空间数据库为数据存储格式，新建或打开的操作对象均为数据库，支持的数据源包括 MDB 和 GDB 两种。

1. 新建图形数据库

在系统中已内置部分数据库模板，新建数据库时可直接选用模板创建新的数据库。新建数据库时，在菜单选项卡中选择"文件"→"新建"，新建窗口如图 4-12 所示。

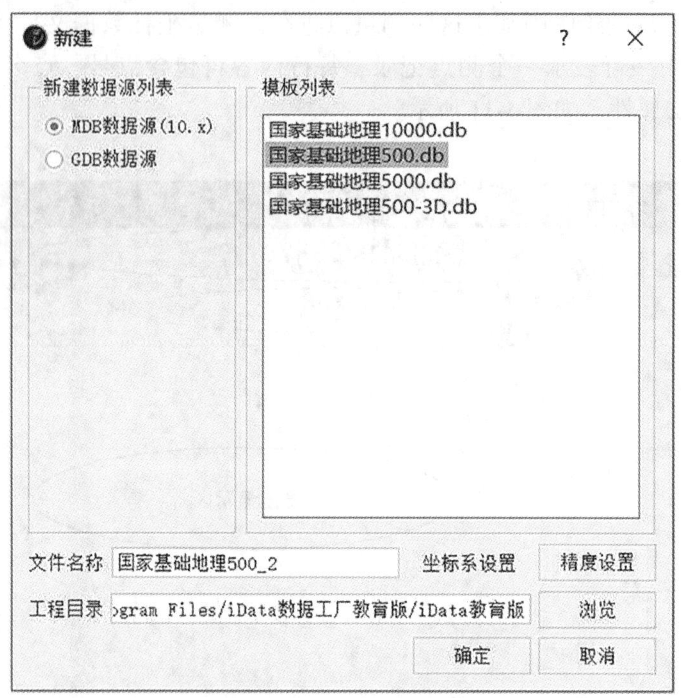

图 4-12　新建图形数据库

新建图形数据库时，如图 4-12 所示，选用 MDB 数据源创建 mdb 格式数据库文件，选用"国家基础地理 500. db"模板即可创建绘制 1∶500 地形图的 mdb 格式数据库文件，该图形数据库文件支持 ArcGIS 10. 0 及以上版本。

模板文件通过提供标准实体编码和符号化信息来保证用户创建的图形数据库的一致性，使图形数据库文件符合相应的地形图及 GIS 库标准。如果根据模板创建新的数据库文件，在对其进行编辑和修改的过程中，不会影响模板文件。软件已有的内置模板有国家基础地理 500. db、国家基础地理 5000. db、国家基础地理 10000. db、国家基础地理 500-3D. db。

"文件名称"：程序自动给定一个默认的文件名称(如"国家基础地理 500_1")并自动递增。

"坐标系设置"：对新建图形数据库的坐标系进行设置。

"工程目录"：为创建的图形数据库的存放路径，用户可直接输入路径，也可浏览文件路径来确定存放路径。

新建数据库文件的具体操作步骤如下所示。

(1)依次点击"文件"菜单下的"新建"按钮，或系统菜单中的"新建"按钮，弹出"iData

数据工厂”对话框。

(2)在“新建数据源列表”中选择“MDB 数据源”。

(3)在“模板列表”中点击选择模板。

(4)在“文件名称”栏中输入新建的图形数库名称。

(5)点击“坐标系设置”按钮对新建的图形数据库坐标系进行设置。

(6)点击“精度设置”按钮对新建的图形数据库精度进行设置。

(7)在“工程目录”栏中，浏览或直接输入新建图形数据库的存放路径。

(8)点击“确定”，表示新建工程；点击“取消”，表示取消新建工程。

注：若所填名称与工程所在目录中已存在的相同类型数据文件重名，软件将提示重新命名。

若所填目录不存在，软件将自动提供创建目录或返回重新填写目录。

2. 打开数据文件

iData 数据工厂支持打开的文件类型包括 mdb、dwg、dxf、dgn、gdb、idata、db、osgb、index、i3dp、xml、obj、ilas、ive、osg、img、shp 等。打开一个已有的图形文件或工程数据库文件时，选择菜单“文件”→“打开”，也可在快速访问工具栏上单击“打开”按钮，或者在命令行中键入“open”命令，打开数据文件窗口如图 4-13 所示。

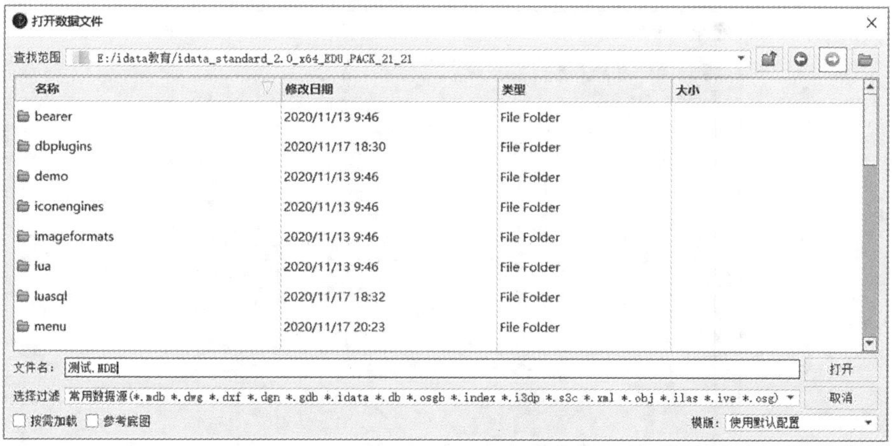

图 4-13　打开数据文件

“打开数据文件”对话框中有“按需加载”和“参考底图”两项选项，如果勾选“按需加载”选项，则在点击“打开”或双击文件后将弹出“图层追加与卸载”窗口，用户可根据需要勾选本次打开文件所要加载的图层。若不勾选“按需加载”，则默认加载所有图层。

“打开数据文件”对话框中还有模板下拉选择，选择文件后可手动选择配置文件，如图 4-14 所示，也可使用默认配置。若选择默认配置，则打开的数据文件使用的符号化模板与其被创建时选用的模板相同；若选择其他配置文件，则将打开的数据文件使用的符号化模板改为选中的配置文件。

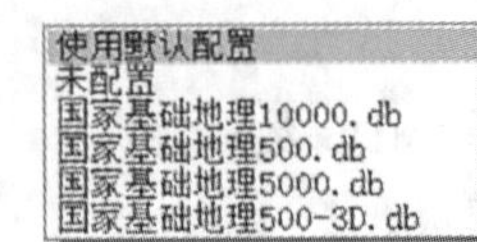

图 4-14　打开数据文件模板选择

4.7.3　地物的绘制

大比例尺野外测图过程中，一般需要在测量碎部点的同时绘制草图，在草图上标注出所测的碎部点属性信息并记下所测点的点号，该点号要与全站仪记录的点号一致，按这种方法在测量每一个碎部点时不用在全站仪里输入地物编码，故又称为“无码方式”。

采用“无码方式”测图，在内业成图时，根据作业方式的不同，分为“点号定位”“坐标定位”“编码引导”几种方法。

1. 点号定位法作业流程

1) 在屏幕上展点

点击“绘图处理”选项卡中的“读取测量坐标数据”按钮，弹出“导入坐标数据”对话框，如图 4-15 所示。

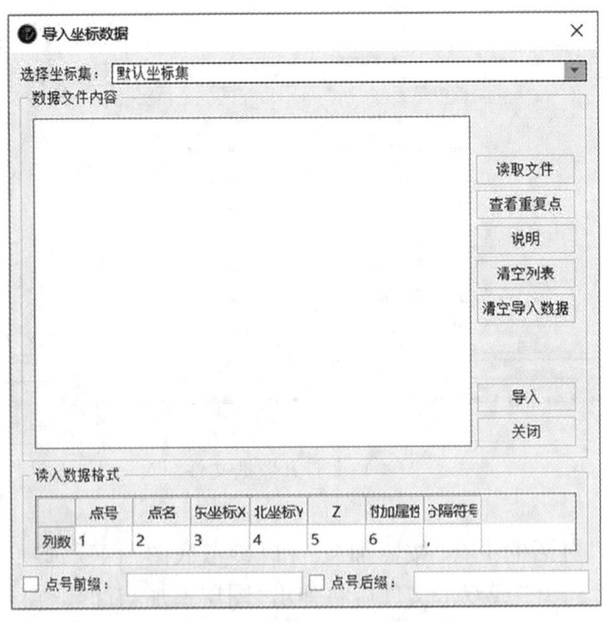

图 4-15　导入坐标数据

点击“读取文件”，选择测量坐标数据文件，单击“导入”。

2) 绘制平面图

根据野外作业时绘制的草图，移动鼠标至屏幕左侧“绘图面板”窗口中，选择相应的地形图图式符号，然后在屏幕中将所有的地物绘制出来。

如图 4-16 所示的草图中，由 33、34、35 号点连成一间普通房屋。

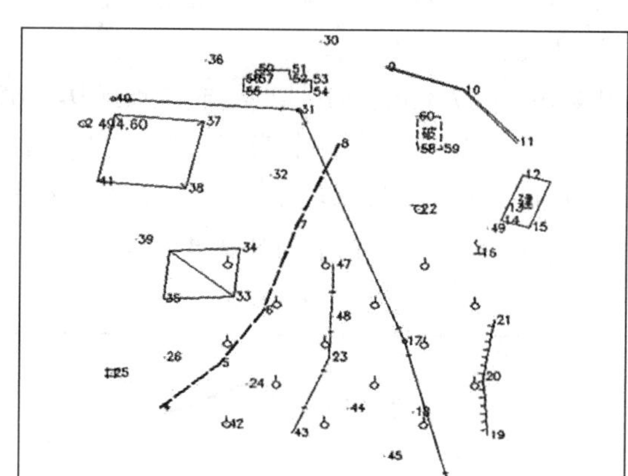

图 4-16　草图示意

在“绘图面板”窗口搜索栏中，键入“建成房屋”进行检索，鼠标移动到“建成房屋”图标处，单击左键，弹出地物绘制属性窗口。需要在绘制属性面板勾选“点号定位”，并在“点号定位坐标集”中键入坐标数据文件的位置，如图 4-17 所示。

绘制属性

绘制属性	
连续绘图	☑ True
正交开关	☐ False
极轴开关	☐ False
相对极轴	☑ True
三点闭合生成矩形	☑ True
右键闭合	☑ True
自动直角化	☐ False
直角化限值角(0至15...	5
绘制时移屏	☐ False
E键自动加节点	☐ False
点号定位	☑ True
画流水线	☐ False
流水线长度	0.0100
流水线半径	0.0100
流水线抽稀阈值	0.0100
快速属性填写	☑ True
折线化阈值	0.1000
自动折线化	☐ False
点号定位坐标集	C:/demo/Dgx.dat
点号定位前缀	
绘制时填写属性	☐ False
比高点绘制于第一点...	☐ False
三线中心线编码	IDATA_02
三线是否闭合	☐ False
三线是否设置宽度	☑ True
三线宽度值设置字段	

绘图

图 4-17　图形“绘制属性”面板

绘制过程中，只要按照命令窗提示，输入相应点号即可。如绘房子时，输入的点号必须按顺时针或逆时针的顺序输入，如上例图 4-16 中的点号按 34、33、35 或 35、33、34 的顺序输入，否则将不能正确绘出房子图形。

重复上述操作，将图 4-16 中 37、38、41 号点绘成四点棚房；60、58、59 号点绘成四点破坏房子；12、14、15 号点绘成四点建筑中房屋；50、52、51、53、54、55、56、57 号点绘成多点建成房屋。将 9、10、11 号点绘成依比例围墙的符号；将 47、48、23、43 号点绘成篱笆的符号。完成这些操作后，其平面如图 4-18 所示。

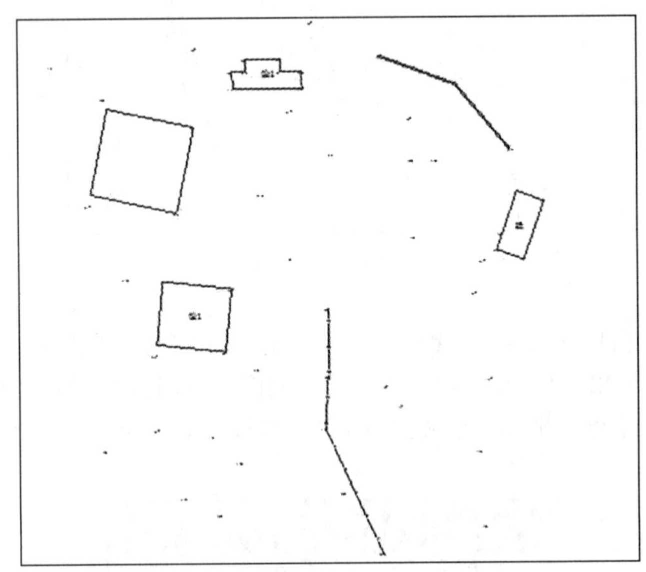

图 4-18　图形绘制结果

重复上述操作，将所有测点用地形图图式符号绘制成图形。

2. 坐标定位法作业流程

坐标定位法与点号定位法的成图流程类似，需先在屏幕上展点，根据外业草图，选择相应的地形图图式符号在屏幕上将平面图绘出来。坐标定位法与点号定位法的区别在于绘图过程中不是通过测点点号进行定位，而是直接点取测点坐标点位定位绘图。如居民地房屋绘制，按如下步骤进行。

(1) 在左侧“绘图面板”窗口的搜索栏中，键入“建成房屋”，然后单击该图标，弹出“绘制属性”面板如图 4-17 所示，取消勾选“点号定位”。

(2) 移动鼠标至绘图区域，命令行提示“请输入第一点”，鼠标靠近 33 号点附近，单击鼠标左键，捕捉该点；同样地，捕捉 34、35 号点，按 C 键闭合，或按回车键/空格键/鼠标右键结束命令，自动闭合。

(3) 弹出“属性设置”对话框，设置房屋的层数、地下房屋层数、结构类型等属性，如图 4-19 所示。

图 4-19　图形“属性设置”

坐标定位法绘制图形时，点取坐标点时使用了点位捕捉功能，选择不同的捕捉方式会出现不同形式的光标，适用于不同的情况。常见的捕捉方式包括“端点捕捉”“中点捕捉”“节点捕捉”等，捕捉方式的详细使用方法参见 iData 数据工厂操作手册的相关内容。

图形绘制过程中，当命令区要求“输入点”时，可以用鼠标左键在屏幕上直接点击，也可输入实地坐标。如绘制点状地物“路灯”时，移动光标至左侧绘图面板搜索栏，键入“路灯”，移动光标至该图标上单击左键启动“路灯”绘制，可以鼠标左键点取展点点位坐标，也可在命令行中直接输入该“路灯”点位坐标，如直接键入“143.35，159.28”，并按回车键或空格键或鼠标右键结束该命令，即可在坐标(143.35，159.28)处绘制一个路灯图形符号。

3. 编码引导作业流程

点号定位法与坐标定位法采用逐个地物手动绘制的方式绘制图形，“编码引导”的方式则通过加入编码引导文件与外业测量得到的坐标数据文件配合进行自动绘图，也称为“编码引导文件+无码坐标数据文件自动绘图方式”。这种方式绘图时，通过编辑引导文件来实现绘图。

在 iData 数据工厂安装目录下有编码引导文件的示例文件 \\ demo \ WMSJ. yd，该文件为文本文件，可使用文本编辑器编辑，示例数据文件内容如下：

W2,165,7,6,5,4,166

F0,164,162,85

U2,38,37,36,35,39,40

F0,133,167,132,152,168,153,77,169,76,136,135,134,133

U3,170,95,96,171

F1,68,66,114

……

编码文件中，每一行表示一个地物，每一行的第一项为地物的“地物代码”，表示地物代码的字母要大写，地物代码后的各数据为构成该地物的测点点号(依连接顺序排列)，同行的数据之间用逗号分隔。地物代码参见 iData 数据工厂操作手册。

编码引导的作用是将引导文件与无码的坐标数据文件合并生成一个新的带简编码格式的坐标数据文件。以示例数据为例，具体操作步骤如下：

(1)点击“绘图处理”菜单→“编码引导”按钮 ；

(2)弹出“选择引导文件”对话框，选择 \\ DEMO \ WMSJ. yd 文件；

(3)输入坐标数据文件，选择 \\ DEMO \ WMSJ. dat 文件；

(4)屏幕自动成图，如图 4-20 所示。

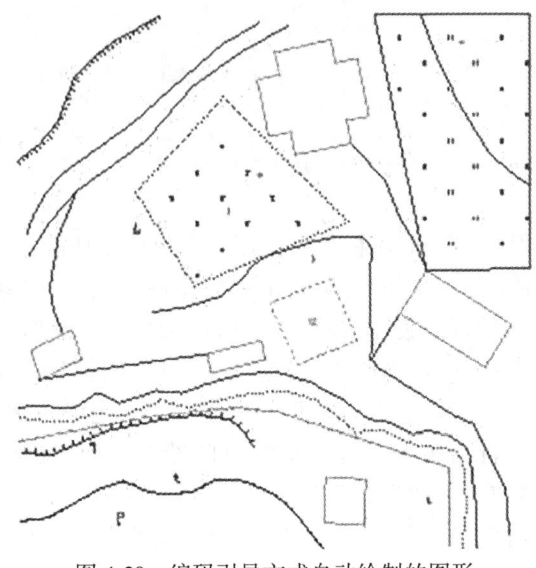

图 4-20　编码引导方式自动绘制的图形

4. 简码法作业流程

此种工作方式也称作“带简编码格式的坐标数据文件自动绘图方式”，与草图法在野外测量时不同的是，每测一个地物点时都要在电子手簿或全站仪上输入地物点的简编码，简编码一般由一位字母和一两位数字组成。简编码格式可参考 iData 数据工厂操作手册的相关章节。在编码引导作业流程中由引导文件与无码的坐标数据文件合并生成一个带简编码格式的坐标数据文件，也可在此直接使用。

简码法作业具体步骤如下：

(1)点击菜单选项卡“绘图处理”中的“简码识别”按钮 简码识别；

(2)弹出“选择坐标文件”对话框，输入带简编码格式的坐标数据文件名(此处以 \\ DEMO \ YMSJ. dat为例)，屏幕上绘制的图形如图 4-21 所示。

4.7.4　地貌的绘制

在地形图中，等高线是表示地貌起伏的一种重要手段。iData 数据工厂中，由软件根据外业测点自动勾绘生成等高线。

iData 在绘制等高线时，充分考虑等高线通过地性线和断裂线时的情况，如陡坎、陡崖等。

绘制等高线时，首先将外业测量的高程点建立数字地面模型(DTM)，然后在数字地面模型上生成等高线。

1. 建立数字地面模型(DTM)

数字地面模型(DTM)，是在一定区域范围内规则格网点或三角网点的平面坐标(x, y)和其地物性质的数据集合，如果此地物性质是该点的高程 Z，则此数字地面模型又称为数字高程模型(DEM)。这个数据集合从微分角度三维地描述了该区域地形地貌的空间分布。DTM 数据主要的应用有：按用户设定的等高距生成等高线图、透视图、坡度图、断面图、渲染图，与数字正射影像 DOM 复合生成景观图，或者计算特定物体对象的体积、表面覆盖面积等，还可用于空间复合、可达性分析、表面分析、扩散分析等空间分析。

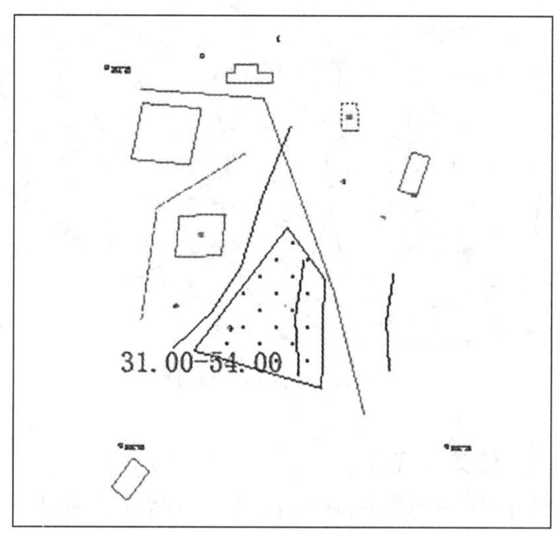

图 4-21　简码法自动绘制的图形

iData 数据工厂中，DTM 以三角网的形式处理生成，点击“等高线”选项卡中的“建立 DTM”按钮，弹出“构建三角网”对话框，如图 4-22 所示，可根据作业需要，选择由测量点或高程点生成、全部生成或手动选择，考虑陡坎或考虑地性线或都不考虑，最后点击“确定”。

图 4-22　“构建三角网”对话框

以 \\ DEMO \ DGX. dat 文件为例，执行结果如图 4-23 所示。

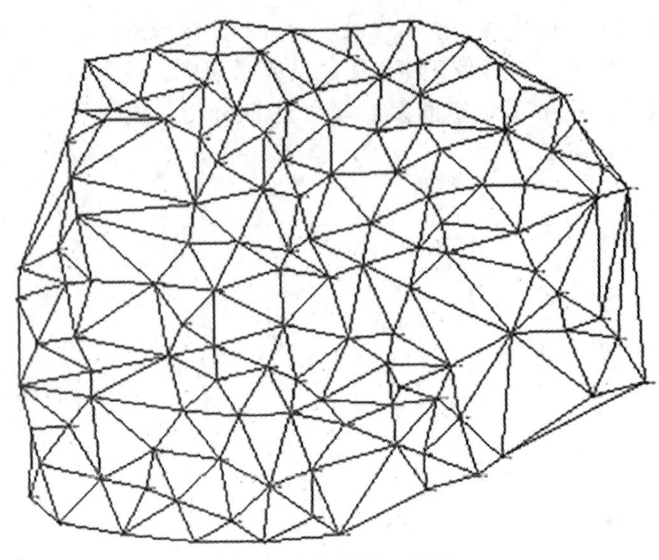

图 4-23　构建的三角网

2. 修改地面数字模型(修改三角网)

一般情况下，由于地形条件的限制在外业采集的碎部点很难一次性生成理想的等高线，如楼顶上的控制点。另外，还因现实地貌的多样性和复杂性，自动构成的数字地面模型可能与实际地貌不太一致，这时可以通过修改三角网来调整这些局部不合理的地方，iData 软件提供了如下三角网编辑功能。

1) 删除三角形

如果在某局部内没有等高线通过，则可将其局部内相关的三角形删除。单击“等高线”选项卡中的“删除三角形”按钮△ˣ，选择要删除的三角形进行删除。

2) 过滤三角形

根据用户需要输入符合三角形中最小角的度数或三角形中最大边长最多大于最小边长的倍数等条件，即可过滤不符合要求的三角形。如果生成的等高线不光滑，也可以用此功能将不符合要求的三角形过滤掉，再生成等高线。

点击“等高线”选项卡中的“过滤三角形”按钮，命令行依次键入最小夹角的阈值、三角形最长边长与最小边长的比值阈值，按回车键或空格键或鼠标右键结束。

3) 增加三角形

点击“等高线”选项卡中的“增加三角形”按钮△⁺，依照屏幕的提示在需要增加三角形的地方用鼠标点取，如果点取的地方没有高程点，系统会提示输入高程值。

4) 三角形内插点

点击“等高线”选项卡中的“增加三角形”按钮，依据命令窗提示，在三角形中指定点(可输入坐标或者用鼠标拾取)，键入该点的高程值。此功能可将指定点与相邻的三角形顶点相连构成三角形，同时原三角形会自动被删除。

5) 删三角形顶点

点击“等高线”选项卡中的“删除三角形顶点”按钮，指定要删除的三角形顶点，此功能可将所有由该点生成的三角形删除。一个点会与周围很多点构成多个三角形，手动删除三角形，不仅工作量较大而且容易出错，此功能则可在发现某一点坐标错误时，将它从三角网中剔除。

6)删三角网

生成等高线后就不再需要三角网了，后续如果要对等高线进行处理，三角网与等高线重叠遮盖影响操作使用，可以用此功能将整个三角网全部删除。点击“等高线”选项卡中的“删三角网”按钮，整体删除三角网。

7)导出三角网

三角网编辑完成后，可利用该功能导出，用于后期的操作使用。点击“等高线”选项卡中的“导出三角网”按钮，指定保存路径保存三角网。

3. 绘制等高线

三角网建立完成后，便可进行等高线绘制。点击“等高线”选项卡中的“绘制等高线”按钮，弹出“追踪等值线设置”对话框，如图 4-24 所示，设置生成等高线的空间范围、阈值范围、等高距、拟合方式等，设置完成后，单击“确认”。

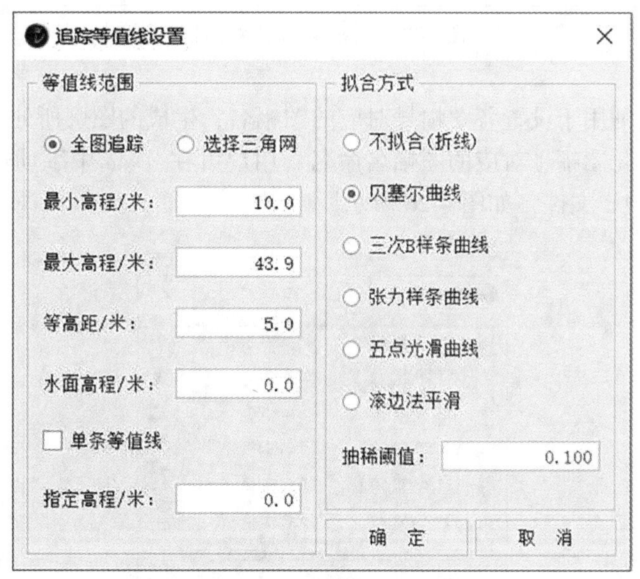

图 4-24　绘制等高线设置对话框

4.7.5　图廓整饰

点击“绘图处理”选项卡中的“图廓整饰”按钮，弹出“图廓绘制”对话框，如图 4-25 所示，选择绘制方案，输入图幅名和接图表图幅名，并设置等高距，为已分幅的地形图绘制图廓。

绘制图廓时，需选择图廓方案，iData 软件中预置了多种常用的图廓方案供选择，根据成图比例尺和成图规范选择合适的图廓方案作为当前方案。

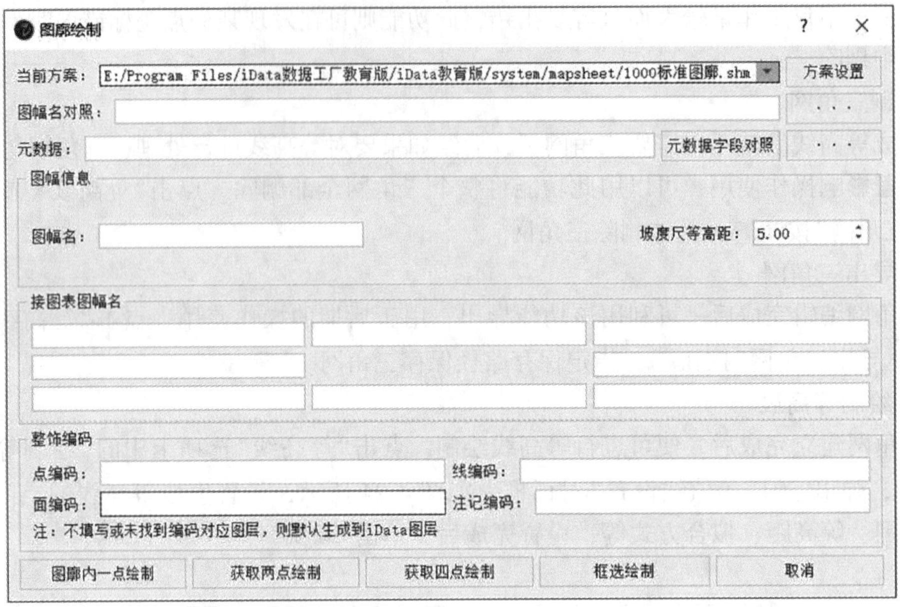

图 4-25　“图廓绘制”对话框

图幅名对照表则用于设置各图幅号对应的图幅名，生成的图廓所处的图幅号若在该对照表中，则图名以此图幅号对应的图幅名命名。用户可在 iData 中手动输入各项对照，也可导入特定格式的 txt 文件，如图 4-26 所示。

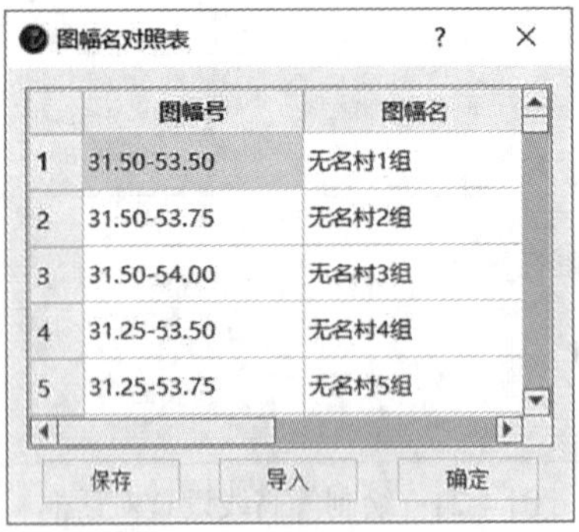

图 4-26　图幅名对照表

若设置了元数据，则图廓的方案设置可调用元数据中的记录，将元数据内容显示到图廓信息中。元数据文件格式为 xls 或 xlsx，内容中第一行为表头，以“图号”列为关键字，匹配图面上图廓的图幅号，方案设置中通过“@ ×××”(×××表示其中一列表头信息)来调用对应元数据中的内容显示到图面上。

图幅信息中，图幅名用于指定当前生成的图幅，坡度尺等高距用于设置坡度尺的等高距。

接图表图幅名用于输入设置图幅接合表中与当前图幅接图的图幅名称。

整饰编码用于设置图廓整饰信息中各点、线、面、注记的实体编码。

可选择多种绘制方式绘制图廓：“图廓内一点绘制”在已分幅的图形内选点，系统自动计算图廓位置并进行绘制；“获取两点绘制”通过手动指定内图廓线的两个对角点，确定图廓位置；“获取四点绘制”通过手动指定内图廓线的四个角点，确定图廓位置。

设置当前的图廓方案时，除可选择软件内已预置的方案外，还可自己根据要求设置图廓方案，点击图 4-25 所示的“图廓绘制”对话框中的“方案设置”按钮，弹出“图廓信息设置”对话框，如图 4-27 所示。

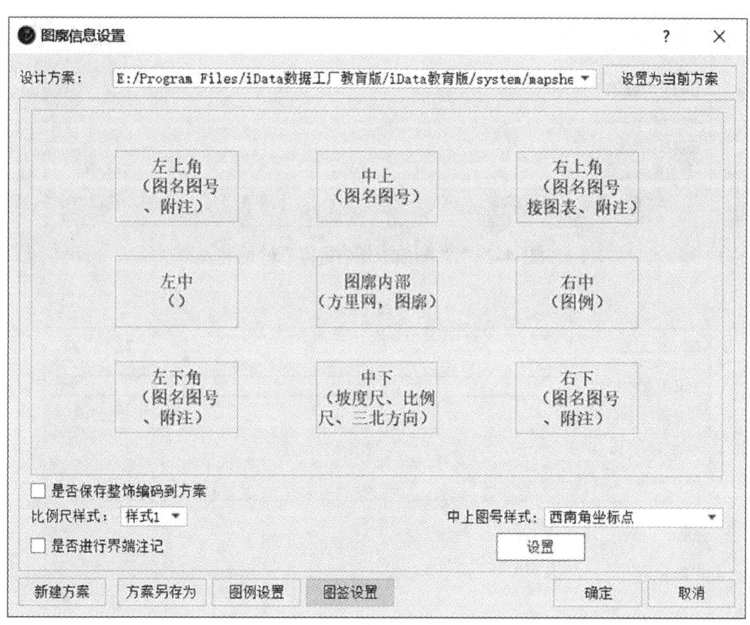

图 4-27　“图廓信息设置”对话框

“设计方案”显示的是当前指定的设计方案。

图廓信息设置时，图 4-27 中间的 9 个按钮分别对应图廓范围内 9 个区域的显示信息。打开对应的“信息设置”对话框，选择要在图面显示的信息和显示方式等。

“是否保存整饰编码到方案”选项用于勾选将整饰编码保存到指定方案，“比例尺样式”用于选择比例尺显示的样式，“中上图号样式”用于选择图幅号样式。

“新建方案”按钮用于新建一个图廓整饰方案。“方案另存为”按钮将当前指定的方案另存。“图例设置”用于设置指定方案的图例，点击弹出如图 4-28 所示的对话框。“图签设置”可将定义的表格插入图面，作为图廓的标签显示，点击时弹出如图 4-29 所示的“图签设置”对话框，表格内容根据选择的 xlsx 文件可进行修改，填写方式为：内容，字体，字号，字体对齐方式，单元格对齐方式，X 偏移，Y 偏移，宽高比。

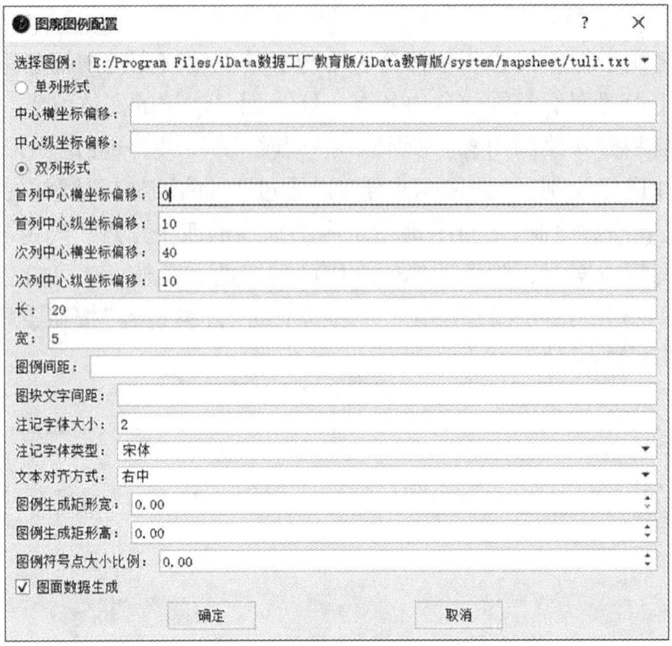

图 4-28　“图廓图例配置”对话框

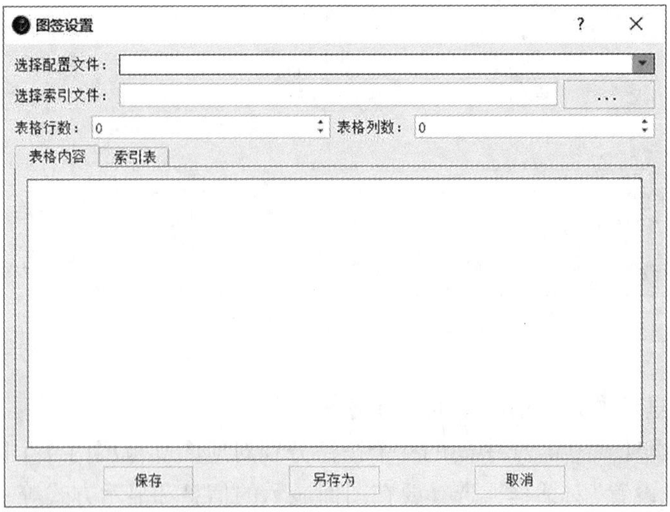

图 4-29　“图签设置”对话框

图廓整饰完成后，形成完整的地形图，如图 4-30 所示即为生成的地形图样例。

4.7.6　打印出图

点击“文件”选项卡中的“打印”按钮，弹出“打印”对话框，如图 4-31 所示，修改对应页面设置的打印方式来控制出图效果。在“打印”对话框中，可修改对应页面设置的打印机/绘图仪、图纸尺寸、打印份数、颜色输出、打印区域、打印偏移、打印比例和图形方向等选择绘制方案，输入图幅名和接图表图幅名，并设置等高距，为已分幅的地形图绘制图廓。

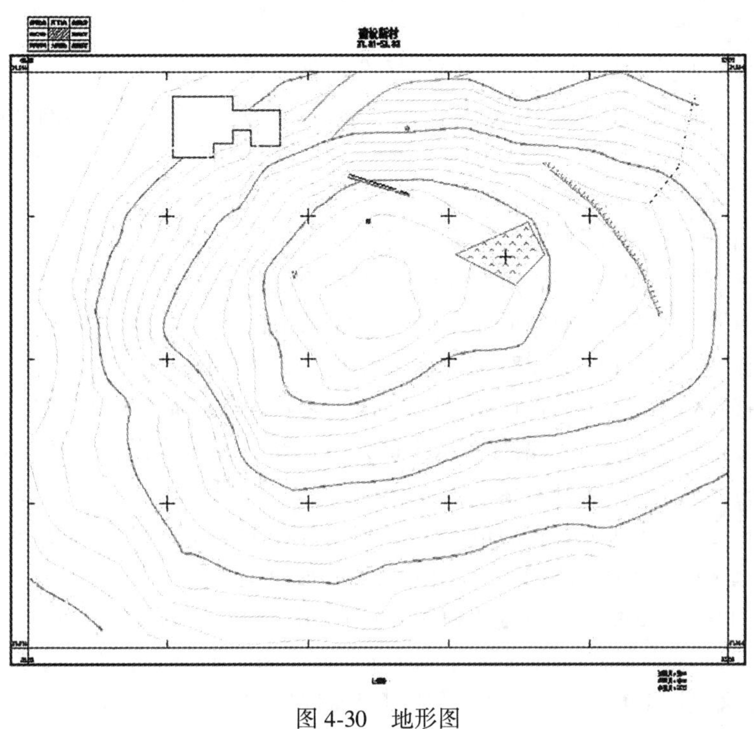

图 4-30 地形图

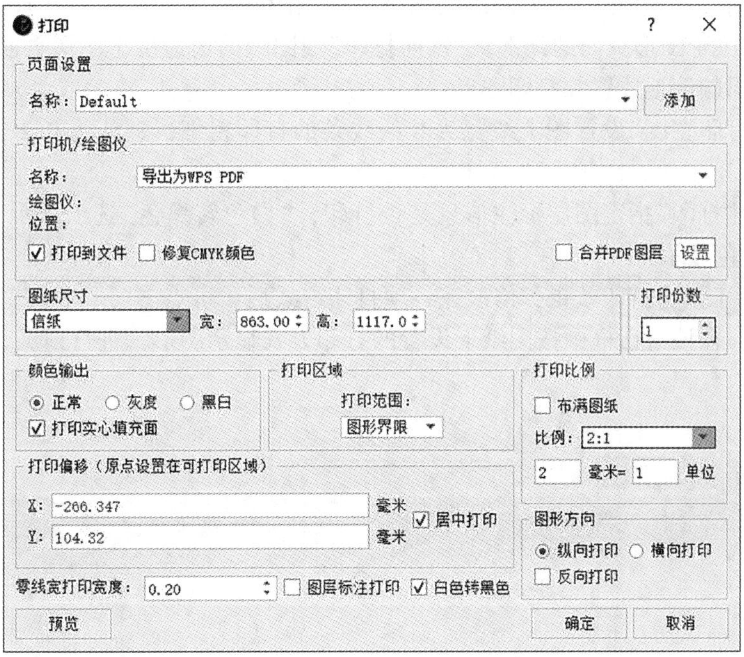

打印 ? ×

页面设置

名称：Default 添加

打印机/绘图仪

名称：导出为WPS PDF

绘图仪：

位置：

☑ 打印到文件 ☐ 修复CMYK颜色 ☐ 合并PDF图层 设置

图纸尺寸

信纸 宽：863.00 高：1117.0

打印份数

1

颜色输出

◉ 正常 ○ 灰度 ○ 黑白

☑ 打印实心填充面

打印区域

打印范围：

图形界限

打印比例

☐ 布满图纸

比例：2:1

2 毫米= 1 单位

打印偏移（原点设置在可打印区域）

X：-266.347 毫米

Y：104.32 毫米

☑ 居中打印

图形方向

◉ 纵向打印 ○ 横向打印

☐ 反向打印

零线宽打印宽度：0.20 ☐ 图层标注打印 ☑ 白色转黑色

预览 确定 取消

图 4-31 “打印”对话框

“打印”对话框中，“页面设置”列出图形中已命名或已保存的页面设置项，用户可从下拉列表中选择合适的页面设置作为当前页面设置，也可通过右侧的“添加”按钮，基于当前设置创建一个新的页面设置。“打印机/绘图仪”用于指定打印时使用已配置的打印设备。

“图纸尺寸”显示所选打印设备可用的标准图纸尺寸，如果未选择绘图仪，将显示全部标准图纸尺寸的列表以供选择，如果所选绘图仪不支持列表中选定的图纸尺寸，将显示警告，用户可以选择绘图仪的默认图纸尺寸或自定义图纸尺寸。“打印份数”指定要打印的份数，打印文件时，此选项不可用。

“颜色输出”选择要打印的颜色，提供三种颜色可选：正常、灰度、黑白。“打印实心填充面”表示带有实心颜色填充的面状地物，实心颜色填充也要能够打印出来。

“打印区域”指定要打印的图形部分，在“打印范围”下，可以选择要打印的图形区域。

“打印偏移”指定打印区域相对于可打印区域左下角或图纸边界的偏移，“打印”对话框的“打印偏移”区域显示了包含在括号中的指定打印偏移选项。通过在“X 偏移”和“Y 偏移”框中输入正值或负值，可以偏移图纸上的几何图形，图纸中的绘图仪单位为毫米。也可选择“居中打印”，自动计算 X 偏移和 Y 偏移值，在图纸上居中打印。“X 偏移”设置相对于“打印偏移定义”选项中设置的指定 *X* 轴方向上的打印原点，“Y 偏移”设置相对于“打印偏移定义”选项中设置的指定 *Y* 轴方向上的打印原点。

“打印比例”控制图形单位与打印单位之间的相对尺寸。打印布局时，默认缩放比例设置为 1∶1，可选择“布满图纸”选项，缩放打印图形以布满所选图纸尺寸，也可选择设置“比例”，定义打印的精确比例，可定义用户需要的比例。可以通过输入与图形单位数等价的英寸(或毫米)数来创建自定义比例。“单位”指定与毫米数等价的单位数。

“图形方向”为支持纵向或横向的绘图仪指定图形在图纸上的打印方向，“纵向打印”使图纸的短边位于图形页面的顶部，“横向打印”使图纸的长边位于图形页面的顶部，“反向打印”则上下颠倒地放置并打印图形。

“零线宽打印宽度”设置图上线宽为 0 的线条的打印粗细，默认为 0.2mm，也可按需求设置。

“图层标注打印”指定图层标注信息是否打印，“白色转黑色”选项表示白色线打印出来，自动转黑色显示。

“预览”用于预览打印效果，修改完各项打印方式后，可点击“预览”按钮，弹出“打印预览”对话框，在该对话框中按图纸上设置的打印方式显示图形，进行预览。

第 5 章　航空摄影与正射影像制作

遥感成图是数字测成图的另一种主要方法，通过航空或航天平台获取地面影像，经遥感数据处理获得数字线划地图(DLG)、数字正射影像(DOM)、数字高程/地面模型(DEM/DTM)等各种地理信息产品。综合实习中利用低空飞行器(多旋翼无人机)按航空摄影测量要求进行航空摄影，获取一定重叠度的航摄影像，使用摄影测量软件对航摄影像进行基本的处理，生成航摄区域正射影像图，在正射影像的基础上勾绘数字线划地图。

5.1　航空摄影

航空影像采集处理实习按低空摄影测量要求进行，利用低空飞行器进行低空航摄获取航空摄影影像，并进行必要的数据处理，得到满足摄影测量要求的影像及控制资料，通过实习掌握无人机遥感数据处理流程及基本处理方法，了解遥感成图及各种地理信息数据的获取处理方法。航空影像采集处理流程如图 5-1 所示。

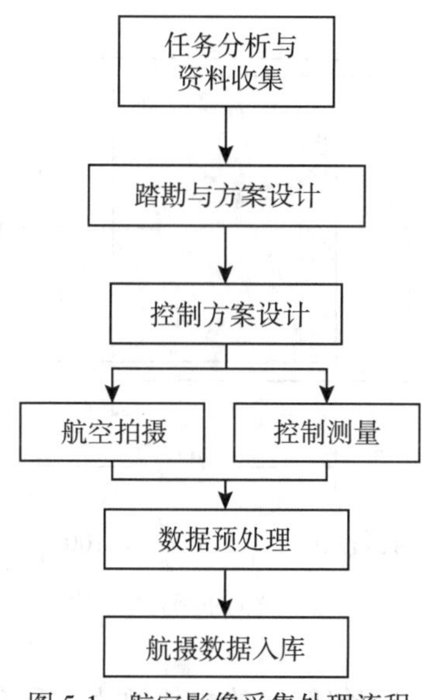

图 5-1　航空影像采集处理流程

5.1.1　航空摄影的基本概念与特性

航空摄影指利用飞机或无人机等飞行器，通过装载航空相机对地面进行拍摄而获得影像的过程。随着摄影测量技术历经模拟摄影测量、解析摄影测量至数字摄影测量的发展，航空相机也经历了胶片航摄仪至数字航摄仪的变化。胶片航摄仪与数字航摄仪成像光学原理相同，胶片航摄仪的记录介质是传统的胶片感光材料，数字航摄仪的记录介质是电荷耦合器件(CCD)等感光芯片。目前常用的航摄仪包括 DMC 面阵数字航摄仪、SWDC 面阵数字航摄仪、UCD 面阵数字航摄仪和 ADS40 线阵数字航摄仪等。

根据摄影倾角分类，航空摄影主要包括传统垂直摄影与新兴倾斜摄影两种；根据摄影成像方式，航空摄影可划分为面状航空摄影、线状航空摄影与独立地块航空摄影；根据摄影比例尺的范围，又可划分为大比例尺航空摄影(大于 1∶10000)、中比例尺航空摄影(1∶10000~1∶50000)与小比例尺航空摄影(小于 1∶50000)。

除专用航摄仪外，近年随着成像技术的飞速发展，各种通用的小型数字相机广泛应用于航空(低空)摄影。小(微)型相机成像芯片较小，光学部件也相应较小，但成像分辨率得到长足进步，因其体积小、重量轻，在小型飞行平台上应用具有明显优势，操作简便、快捷，适飞场景要求较低，其应用模式也变得非常灵活便捷。在航空影像获取实习中主要使用小型无人机进行航空摄影。

5.1.2　航空摄影的相关术语

地面分辨率(Ground Resolution)：影像分辨率对应地面尺寸，即一个像元对应的地面尺寸。

航向重叠度(Forward Overlap)：本航线内相邻像片上具有同一地区影像的部分，通常以百分比表示，如图 5-2 所示。

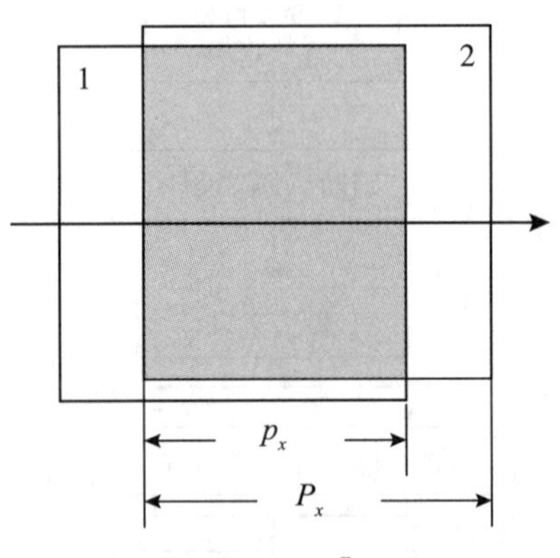

航向重叠度：$l_x = \frac{p_x}{P_x} \times 100\%$

图 5-2　航向重叠度示意图

旁向重叠度(Side Overlap)：相邻航线的相邻像片上具有同一地区影像的部分，通常以百分比表示，如图 5-3 所示。

摄影基线(Photographic Baseline)：同一航线内相邻两个摄影站间的连线，如图 5-4 所示。

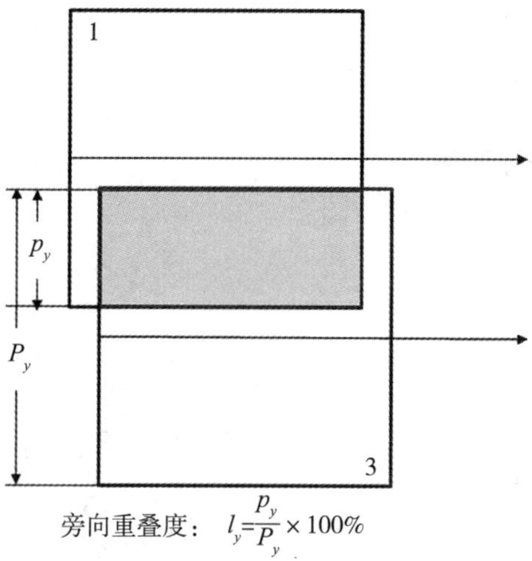

图 5-3 旁向重叠度示意图

像片倾斜角(Tilt Angle of Photograph)：航空摄影时，航空相机主光轴与铅垂线的夹角，或地面摄影时，相机主光轴相对于水平面的夹角，如图 5-5 所示。

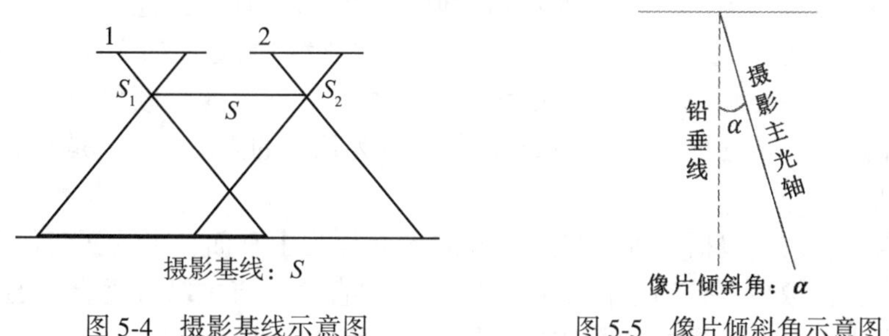

图 5-4 摄影基线示意图

图 5-5 像片倾斜角示意图

航线弯曲度(Strip Deformation)：同一航线内各张像片摄站点至首末两张像片摄站点连线的最大偏离度，如图 5-6 所示。

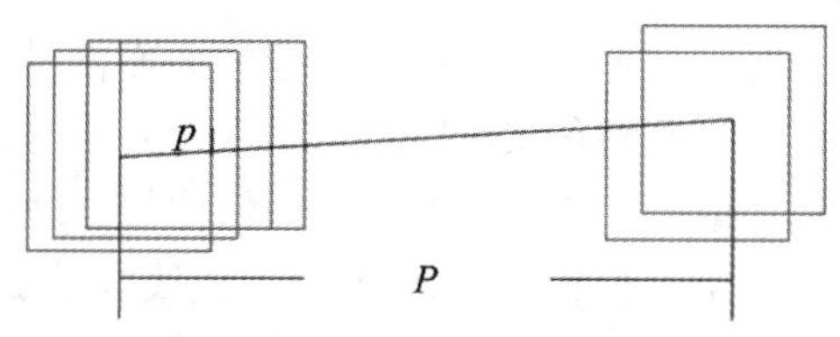

图 5-6 航线弯曲度示意图

像片旋角(Photo Rotation Angle)：一张像片上相邻主点连线与同方向框标连线间的夹角，如图 5-7 所示。

无人机(Unmanned Aerial Vehicle, UAV)：全称为无人驾驶飞机，利用无线电遥控设备和自备的程序控制装置操纵的不载人飞机。

5.1.3　航空摄影的基本特性

1. 航空像片上的特征点和线

如图 5-8 所示为摄影成像几何示意图。

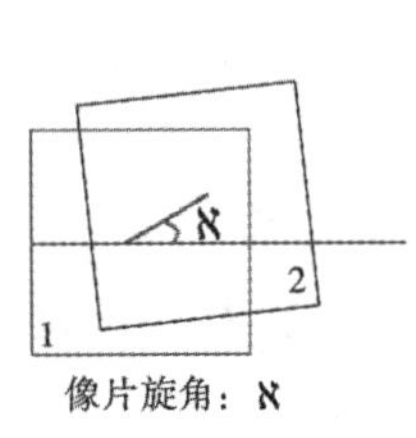

图 5-7　像片旋角示意图

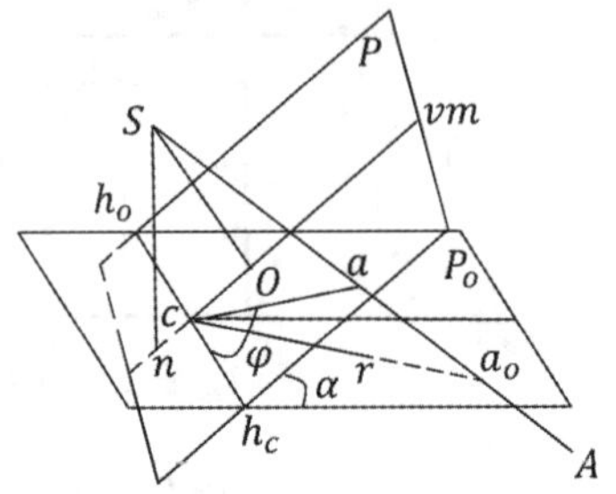

图 5-8　航空像片上的特征点和线

图 5-8 中，P 为倾斜像面，S 为镜头投影中心，P_o 为水平面，P_o 与 P 的夹角 α 为像片倾斜角。

像主点(O)：航空相机主光轴 SO 与像面的交点，称为像主点。

像底点(n)：通过镜头中心 S 的地面铅垂线(主垂线)与像面的交点，称为像底点。

等角点(c)：主光轴与主垂线的夹角是像片倾斜角 α，像片倾角的平分线与像面的交点称为等角点 c。当地面平坦时，只有以等角点为顶点的方向角，才是地面与像片上对应相等的角度。

主纵线与主横线：包括主垂线与主光轴的平面称为主垂面，主垂面与像面的交线 vm 称为主纵线，它在像片上是通过像主点和像底点的直线。与主纵线垂直且通过像主点的 h_oh_c 称为主横线。主纵线与主横线构成像片上的直角坐标轴。

等比线：通过等角点且垂直于主纵线的直线 h_oh_c 称为等比线。在等比线上比例尺不变。

在水平像片上，像主点、像底点和等角点重合，主横线和等比线重合于交点 O 上。

2. 像片倾斜引起的像点位移

若航空摄影时，像面未能保持水平，将因投影面倾斜而使像的位置发生变化，这就是因像片倾斜引起的像点位移。当倾斜角很小时，这种误差是不易观察出来的。

图 5-8 中，P_o 与 P 为同一摄影站的水平像片和倾斜像片，地面上任意点 A 在水平像片和倾斜像片的像点分别为 a_o 和 a。假设将像面 P_o 以等比线为轴旋转 α 角，使之与 P 重合，可看出 a 与 a_o 不重合，设 $\alpha_{a0}=\delta_a$，$ca=r_c$，因像片倾斜所产生的像点位移 δ_a 的计算公式为：

$$\delta_a=-\frac{r_c^2}{f}\sin\varphi\sin\alpha \tag{5-1}$$

式中，r_c 为倾斜像片上像点到等角点的距离；φ 为等比线与像点向径之间的夹角；α 为像片倾斜角；f 为航摄机焦距。

根据上述内容，可得出倾斜误差的几点规律。

(1)倾斜误差的方向在像点与等角点的连线上。

(2)倾斜误差与像点距等角点距离的平方成正比。

(3)当 $\varphi = 0°$ 或 $\varphi = 180°$，$\delta_a = 0$，即在等比线上的像点不因像片倾斜而产生位移。

(4)当 $\varphi = 90°$ 或 $\varphi = 270°$ 时，$|\sin\varphi| = 1$，在主纵线上像点倾斜误差最大。

(5)当 φ 角在 0 ~ 180° 之间，像点向着等角方向移动；当 φ 角在 180° ~ 360° 之间，像点背着等角点方向外移动。因此，水平像片上的矩形图形，在倾斜像片上则变为梯形。它以等比线为界，包含像主点部分，图形变小；包含像底点部分，图形变大。

3. 地面起伏引起的像点位移

高于地面的烟囱、水塔、电杆等竖直物体，在地形图上的位置为一点，但在航片上的影像则往往不是一点，而是一条小线段。同理，当地面点高于或低于基准面时，在像片上，其影像虽是一点，但与其在基准面上垂直投影的点的影像相比，却产生了一段直线位移，这种像点位移称为投影误差。通常以测区地面的平均高称为航高起算面，也即基准面。投影误差分为因地形起伏引起的像点位移称为像片投影差，和对应在地面部分称为地面投影差。

地形起伏引起的像点位移的规律：

(1)地面起伏所产生的投影误差在像点与像底点的连线上；

(2)投影误差与像点到像底点的距离成正比；

(3)像底点不产生投影误差；

(4)地面高低起伏愈大，投影误差愈大；

(5)航高愈大，投影误差愈小。

5.1.4 垂直航空摄影的相关要求与作业流程

1. 垂直航空摄影的相关要求

一般来说，航空摄影设置飞行航线为东西方向，航摄季节主要考虑气象条件和航测目的，航摄的时间须根据太阳高度角和阴影倍数确定。航空摄影对摄影质量与飞行质量的技术要求如下。

1)对航摄像片的质量要求

(1)航摄像片应满足影像清晰、色调一致、层次丰富、反差适中、灰雾度小的要求。

(2)航摄像片上不应有云影、阴影、雪影。

(3)航摄像片上不应有斑点、擦痕、折伤及其他情况的药膜损伤。

(4)航摄像片上所有摄影标志(如圆水准器、时钟、框标、像片号等)应齐全且清晰可辨。

(5)航摄像片应具有一定的现势性。

2)对飞行质量的技术要求

(1)像片倾斜角要求摄影瞬间相机的主光轴近似与地面垂直，像片倾斜角小于 3°。

(2)同一航线上相邻像片的航高差不得大于 30m；最大和最小航高之差不应超过 50m；

摄影分区实际航高不应超出设计航高的 5%(实际航高指摄影时飞机实际的飞行高度；设计航高则指计划飞行的高度)。

(3)航向重叠应达到 60%~65%，最小 56%，最大 75%；旁向重叠应达到 30%~35%，个别最小不应小于 13%。

(4)要求航线弯曲度小于 3%。

(5)像片旋角小于 6°，像片旋角过大会减少立体像对的有效范围。

2. 垂直航空摄影的作业流程

完整的航空摄影测量过程包括航摄准备、航摄设计、空中采集、数据处理、质量检查与成果提交等过程(图 5-9)，其中航空摄影主要涵盖了前三个部分。

1)提出技术要求

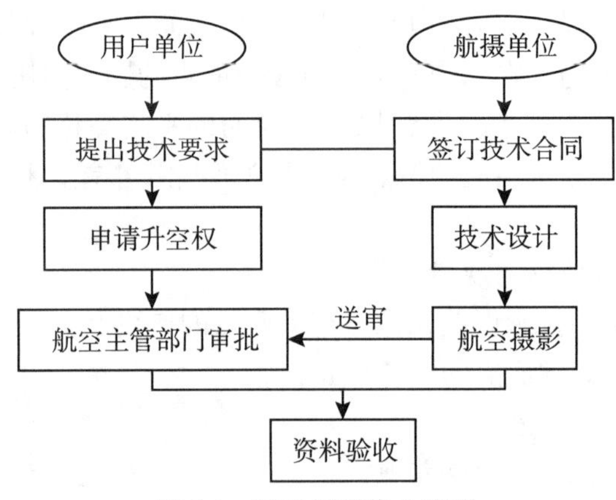

图 5-9　航空摄影作业流程

(1)划定摄影区范围，并在“航摄计划用图”上用框线标出。航摄分区的划分要求分区界线应与图廓线相一致；分区内的地形高差不得大于相对航高的 1/4；在能够确保航线为直线型的前提下，分区应尽量划大；当地面高差突变或有特殊要求时，分区界线可以破图廓划分。

(2)规定摄影比例尺，影像分辨率根据比例尺的类型与测图比例尺大小进行确定，具体如表 5-1 所示。

表 5-1　**摄影比例尺的确定**

比例尺类型	航摄比例尺	测图比例尺	数字影像分辨率(cm)
大比例尺	1：2000~1：3500	1：500	4~7
	1：2000~1：7000	1：1000	7~14
	1：7000~1：14000	1：2000	14~28
中比例尺	1：10000~1：20000	1：5000	20~40
	1：20000~1：32000	1：10000	40~80

续表

比例尺类型	航摄比例尺	测图比例尺	数字影像分辨率(cm)
小比例尺	1：25000~1：60000	1：25000	50~120
	1：60000~1：100000	1：50000	70~160

(3)规定航摄仪型号和焦距，根据测图精度要求、测图的仪器设备、测图比例尺、测图方法以及现有航摄设备等综合考虑确定。

(4)规定对重叠度的要求。

(5)执行任务的季节和期限，航摄季节应选择本摄区最有利的气象条件，并要尽可能地避免或减少地表植被和其他覆盖物(如积雪、洪水、沙尘等)对摄影和测图的不良影响，确保航摄像片能够真实地显现地面细部。航摄时间的选择，既要保证具有充足的光照度，又要保证大气透明度好，并避免过大的阴影，一般根据摄区的太阳高度角和阴影倍数选定。

(6)所需提供航摄资料的名称和数量。

2)与航摄单位签订技术合同

用户单位在确定了技术方案后，应携带航摄计划用图和当地气象资料与航摄单位进行具体协商。其中，航摄计划用图是摄影单位进行航摄技术计算的依据，也是引导飞机按计划航线飞行摄影的导航图。气象资料主要是近5~10年内每月的平均降雨天数和大气能见度，它是最后确定实施航空摄影日期的依据。

3)申请升空权

用户单位与航摄单位签订合同后，应向当地航空主管部门申请升空权。申请时应附有摄区略图，在略图上标出经纬度。

4)航摄前的准备工作

航摄前的准备工作包括：航摄技术计算、所需消耗材料的准备、飞机和机组人员的调配和航摄仪的检定等。航摄技术计算后，地形图作为航摄时的领航图航，将各条航线标明在航摄计划用图上，还应在每条航线上标明进入、飞出和转弯等各方向标以及开始和终止摄影的标志。飞机的调配，主要根据航摄航高、摄区面积和成本等因素。

航线一般按东西向直线飞行。特定条件下，亦可根据地形走向与专业测绘的需要飞行；常规航摄航线应与图廓线平行敷设。某些情况下，航线应沿图幅中心线敷设；按专业测绘的要求和特殊的地形条件敷设航线；水域、海区常规敷设航线时，应尽可能避免像主点落水，要确保所有岛屿覆盖完整，并能构成正常重叠的立体像对；测图控制作业非常困难的地区，可根据用户的设计要求，敷设控制航线。

5)航空摄影的实施

航摄准备工作结束后，按照实施航空摄影的规定日期，调机进驻摄区的机场，并等待良好的天气以便开始进行航空摄影。各机组人员分工如下。

(1)驾驶员：使飞机在规定的飞行高度保持平稳和平直飞行。

(2)领航员：协助驾驶员修正航线，引导飞机进入下一条航线，确保旁向重叠度，与摄影员联系，发出开、闭航摄仪和进入、飞出航线的信号。

(3)摄影员：一旦接到领航员飞机已进入某一航线的信号，就开始整平航摄仪，旋转航偏角，操纵重叠度调整器，确保航向重叠度。

空中摄影完成后应填写飞行日志。

6)送审

航摄单位应将航摄数据送至当地航空主管部门进行安全保密检查。

7)资料验收

检查资料是否齐全，主要检查飞行质量和摄影质量。

5.1.5　无人机航空摄影的相关要求与作业流程

随着飞行器与传感器技术的改进与普及，航空摄影的方式与手段也逐渐丰富，改进为轻量级。其中，低空数字航空摄影是面向大比例尺航测成图任务的新兴航摄方式，适用于超轻型飞行器航摄系统和无人飞行器航摄系统，常见的成图比例尺为 1 : 500、1 : 1000、1 : 2000。其中，无人机航空摄影系统已广泛应用于测绘遥感、国土资源、城市管理与应急抢险等领域。

倾斜摄影是无人机航空摄影常见的摄影方式，也是国际测绘遥感领域近年发展起来的一项高新技术。倾斜摄影系统通过在同一飞行平台上搭载一台或多台传感器，可以从垂直、倾斜等不同角度采集影像，获取地面物体更为完整、准确的信息。垂直地面角度拍摄获取的影像称为正片，镜头朝向与地面成一定夹角拍摄获取的影像称为斜片。其中，多旋翼无人机可以近距离、多角度地采集拍摄物信息，生成高精度三维模型，突破了传统航测制大比例地形图的精度限制，将测绘成果的精度由分米级提高到厘米级。倾斜摄影系统分为三大部分：第一部分为飞行平台，小型飞机或者无人机；第二部分为人员，机组成员和专业航飞人员或者地面指挥人员(无人机)；第三部分为仪器部分，传感器(三个线元素 X、Y、Z)和姿态定位系统(三个角元素 φ、ω、κ)。

1. 无人机航空摄影的相关要求

无人机航空摄影系统的相关要求主要包含飞行平台与数码相机两部分。

1)飞行平台要求

(1)相对航高一般不超过 1500m，最高不超过 2000m。绝对航高满足平原、丘陵等地区的飞行平台升限应不小于海拔 3000m；满足高山地、高原等地区的升限应不小于海拔 6000m。

(2)无人飞行器航摄系统的飞行平台的续航时间须大于 1.5h。

(3)无人飞行器航摄系统应具备 4 级风力气象条件下安全飞行的能力。

(4)飞行速度，航空摄影时巡航速度一般不超过 120km/h，最快不超过 160km/h。

(5)自动驾驶仪航路点和曝光点的存储数量不宜少于 1000 个。

(6)导航定位 GNSS 应满足：数据输出频率应不小于 2Hz；可使用双天线 GNSS 导航和自动修正旋角；可使用带数据存储功能的双频 GNSS 差分定位或精密单点定位来解算实际曝光点坐标。

(7)可使用惯性测量装置辅助内业空中三角测量计算和稀少控制、无控制测图。用于直接定向法测图的惯性测量装置的测角精度应达到侧滚角、俯仰角不大于 0.01°，航偏角不大于 0.02°。

(8)无人飞行器航摄系统应配备数传电台和地面监控站，监控半径应大于 5km。

(9)无人飞行平台的任务载荷不宜小于 3kg。

(10)无人飞行器航摄系统均应具备不依赖机场起降的能力；起降困难地区使用的无人飞行器航摄系统应具有弹射起飞能力，以及具备撞网回收或伞降功能。

2)数码相机要求

(1)数码相机应满足：相机镜头应为定焦镜头，且对焦无限远；镜头与相机机身，以及相机机身与成像探测器稳固连接；成像探测器面阵应不小于 2000 万像素；最高快门速度应不低于 1/1000s。

(2)相机检校参数应包括：主点坐标、主距和畸变差方程系数；相机检校时应在地面或空中对检校场进行多基线和多角度摄影，通过摄影测量平差方法得到相机参数最终解，并统计精度报告。检校精度应满足：主点坐标中误差不应大于 10μm，主距中误差不应大于 5μm，经过畸变差方程式及测定的系数值拟合后，残余畸变差不应大于 0.3 像素。

(3)影像每通道的数据动态范围不应小于 8 位，可采用压缩格式，压缩倍率不应大于 10 倍。

(4)存储器可容纳影像的数量不应少于 500 张。

(5)电池可支持连续工作应不少于 2h。

2. 无人机航空摄影的作业流程

无人机航空摄影工作包括：接受任务、前期资料收集、现场勘踏、技术设计书编写、航空摄影及控制点测量。技术流程如图 5-10 所示。

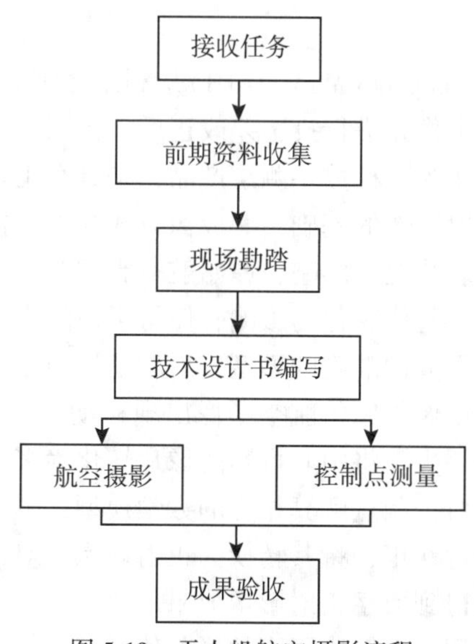

图 5-10　无人机航空摄影流程

前期资料收集主要包括测图区域的现有地形图、影像资料、测区范围等资料，并对搜集到的资料进行核查，评价资料的可信度与可利用度。前期资料搜集应符合《数字航空摄影测量 测图规范》(第 1 部分至第 3 部分)(CH/T 3007.1—2011、CH/T 3007.2—2011 及 CH/T 3007.3—2011)的相关规定。现场勘踏应了解测图区域内的地物、气象条件、高程变化、交通情况、测量控制点的位置及保存情况。勘踏后编写技术设计书，进行任务规划，任务规划的主要内容包括：工作的目的、任务、范围、测区概况、计划工期。

航空摄影应充分满足航线规划、飞行环境与相关技术参数的规范与要求，航线规划按照实际需要的地面分辨率进行设计，航线能完整覆盖整个航拍区域。需根据无人机的性能参数如巡航速度、续航时间、有遮挡及无遮挡环境下可控距离以及航摄地区的地形特征等，规划无人机的飞行航线及规定单架次飞行的最大飞行距离以保证无人机的飞行安全。飞行环境主要考虑起降场地与天气因素：起降场地一般为平坦的空地或宽阔的道路面，其周边无高压线及高层建筑，起降方向与当时风向平行，无人员或车辆走动。当测区无起降条件时，则采用手掷起飞或弹射起飞，伞降或拦阻网降落；此外，航摄要求在天气晴朗、低空(1000m 以下)无云雾、风速在 8m/s 以下、能见度大于 5km、太阳高度角大于 45°时进行。无人机航摄的相关技术参数要求参考航空摄影规范中有关地面分辨率、航高设计、航向覆盖、航向/旁向重叠度、像片倾斜角、航线弯曲度、最大飞行倾斜角与相邻像片的航高差等具体参数的规定。

控制点测量部分应将控制点选在影像清晰的明显地物点上，且尽量选在上下两条航线六片重叠范围内，使布设的控制点能用于多张像片；航线首末端上、下两控制点宜布设在通过像主点且垂直于方位线的直线上，互相偏离不大于半条基线。在空中三角测量作业区域中间布设检查点，使得检查点布设在高程精度和平面精度最弱处。

5.2 正射影像制作

数字正射影像(Digital Orthophoto Map，DOM)是利用数字高程模型(DEM)，对数字化航空影像或者遥感图像经逐个像元进行投影差改正后，按照影像镶嵌，依据图幅范围裁剪而成的影像数据。正射影像作为一种数字测绘产品，是具有正射投影性质的遥感影像。

原始航摄影像是数字正射影像的基础，其成像方式为中心投影。因成像时受传感器内部状态变化、外部状态及地表状况的影响，原始航空影像对正射影像存在误差、相移畸变两方面问题：前者是受到地形起伏变化的影响，使得影像间出现差异，通常采用空三加密的方法来消除误差，从而获得成像准确的模型；后者是指中心投影相对于平行投影，成像模式存在的差异，使得正射影像与原始航空影像出现移动或者变形，通常采用 DEM 和纠正外方位元素结合的方法来解决。将中心投影的像片转化为多个微小的区域，结合相应的参数，利用构像方程式或者对控制点解算相应的数学模型；随后利用数字高程模型，对原始中心投影或非正射影像进行纠正，将其转换为正射影像。对正射校正得到的正射影像进行镶嵌与图幅裁切后，就能得到数字正射影像成果。

正射影像的生成在一定程度上解决了因地形起伏引起的投影误差和传感器等误差产生的像点位移问题，具有几何精度高、现实性强、信息量大、内容丰富、直观真实的优势，应用前景十分广阔。

数字正射影像的制作主要包括以下几个步骤：数据准备、影像预处理、空中三角测量、DEM 生成、DOM 生成、整饰与打印输出等。技术流程如图 5-11 所示。

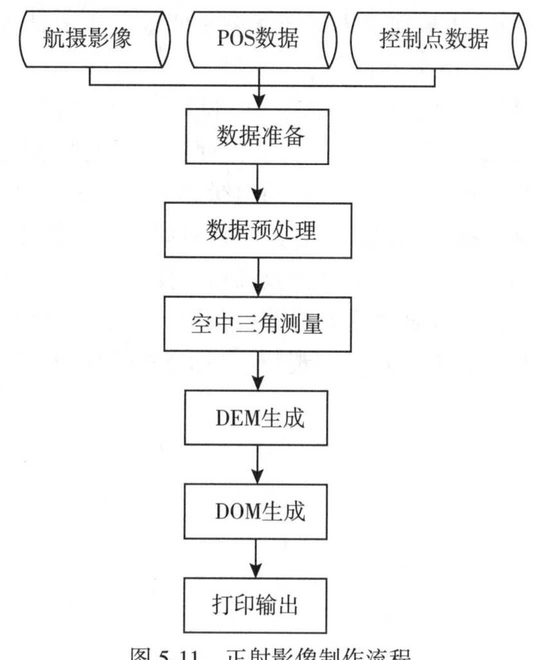

图 5-11 正射影像制作流程

在航空摄影完成后，应收集原始航摄影像资料、定位定向系统(Positioning and Orientation System，POS)测量的影像位置姿态数据文件(POS 数据)、外业测量的控制点坐标和控制点影像材料以及相机检校的内参信息，为正射影像生成的关键流程提供数据基础。

影像预处理包括格式转换、旋转影像、畸变差校正与影像增强。格式转换将不同低空航摄系统获取的专用影像数据格式转换为通用格式，转换过程应采用无损方法。旋转影像保证所有低空数字航片与相机参数保持一致性，通过标明飞行方向、起止像片编号的航线示意图建立影像方位对应关系。航空摄影的像片质量会受数据采集时的大气与地形的影响，镜头畸变引起的误差同样会对摄影测量处理的质量与精度产生影响，因此，需要对影像进行畸变校正。影像增强是在不影响成果质量和后续处理的前提下，对阴天、有雾等原因引起的影像质量较差的数字航片进行适度增强处理，提高图像匹配的精度以及摄影测量产品成果的质量。

空中三角测量(简称“空三加密”)是立体摄影测量中，根据少量的野外控制点，在室内进行控制点加密，求得加密点的高程和平面位置的测量方法。在 POS 系统辅助的前提下，当前摄影测量工具都可高效完成空三加密这一过程。空中三角测量主要包括影像匹配、连接点选取、自由区域网平差、控制网平差和空三加密成果输出等步骤。影像匹配为航区影像间寻找正确的匹配点；通过连接点选取，可以保留在标准多幅影像中存在的同名点并去除误匹配点，从而提升自由网区域平差的质量；自由网平差在不引入任何外部起算数据的前提下，利用影像间的连接点信息，建立影像间相对的空间关系；但是，由于影像POS 信息的精度限制，航区的影像并没有恢复精确的位置与姿态，需要引入高精度的控制点数据，进一步控制区域网平差，从而生成高精度的空三加密结果。

DEM 生成是在空三加密的基础上进行影像密集匹配，生成地面稠密的三维点云，根据设置的格网尺寸，构建起连续的网格，生成地面的 DEM 模型。DOM 的生成是通过 DEM 对其进行数字微分纠正生成单片 DOM，并将单片 DOM 拼接镶嵌生成整个测区的正射影像图。其中，DOM 影像镶嵌和裁切影像拼接时，应进行影像匀光匀色，使要拼接的相邻两影像的色彩、色调协调统一。因像片的边缘部分变形多，应尽量使用像片的中间部分，去除影像的边缘。在拼接影像之前，首先应该对纠正过的像片进行逐项检查，查看是否变形及接边较差是否满足精度要求。经检查确信无变形，且精度符合要求，方可进行影像的拼接、裁减工作。影像的镶嵌确定合适的拼接线，拼接线可以是缺省的，也可以是用户自定义的。采用用户自定义的方式可以避开一些重要的地物要素，如房屋、道路等，从而确保做到无缝拼接。

第 6 章　基于正射影像的数字成图

基于遥感影像成图是数字成图的主要方式之一，由遥感传感器直接获取的影像一般都是中心投影影像，如低空无人机影像、航空摄影影像、卫星光学影像等。中心投影影像一般经立体成图获取数字地图，如摄影测量立体测图，也可将中心投影的遥感影像处理生成正射影像(DOM)。DOM 与地图一样是平行投影的地理信息数字成果，具有与地图相同的几何精度，其影像特征在观察使用中也更为直观。但 DOM 是栅格影像，与矢量数字线划地图(DLG)在本质上存在差异，在很多应用中需要 DLG。数字测图的目的是获取 DLG，可采用地面数字测图方法测制，也可基于 DOM 绘制。

基于 DOM 的数字成图可由影像矢量化软件完成，在矢量化软件中将栅格影像图矢量化生成矢量线划图，经编辑整理生成 DLG。本实习中，采用手工绘制的方法生成矢量地图，在地图绘图软件中导入 DOM，以 DOM 为几何基准，结合影像判读与调绘获取的地物属性，在 DOM 上叠加勾绘地图。

6.1　成图方法与过程

基于正射影像的数字成图方法以正射影像图(DOM)为基本几何基准，通过影像判读和外业调绘确定影像上地物的各种属性，在绘图软件中按成图图式规范规定的各种地物地貌符号绘制相应的地物地貌要素。如图 6-1 所示，左图为正射影像，右图为对应区域局部线划图。

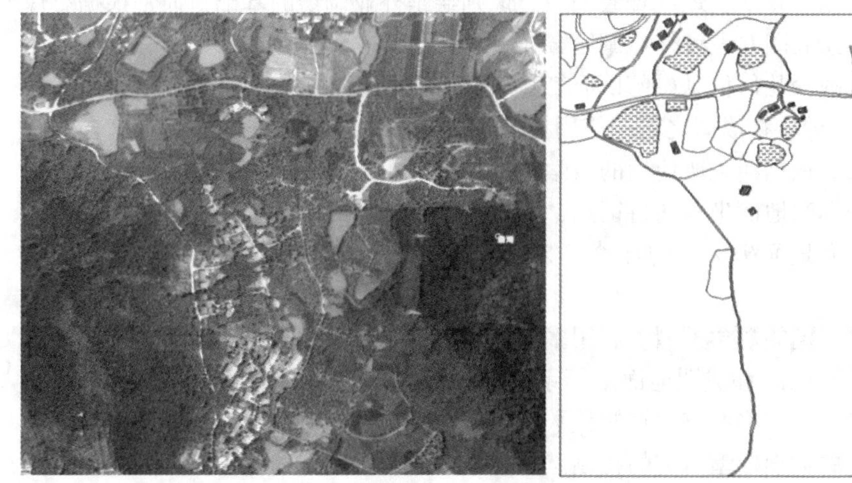

图 6-1　由正射影像制作数字线划图

基于正射影像的数字成图过程包括任务分析、影像判绘、外业调绘、制(绘)图，如果正射影像缺少定位、定向、比例等几何信息时，还需对影像进行几何纠正，通过控制测量获取一定量的地面控制点而对影像进行几何纠正。成图基本流程如图 6-2 所示。

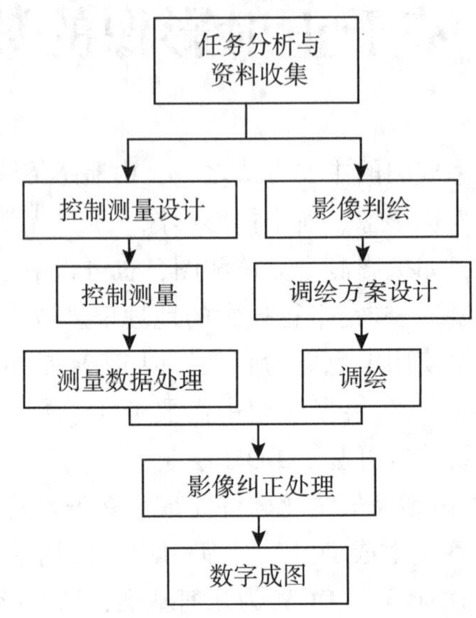

图 6-2　基于影像数字成图流程

任务分析与资料收集：根据图幅界定的范围分析成图任务并收集相关成图所需资料。当正射影像范围与图幅界定的范围不一致时，需根据图幅坐标在正射影像上确定图幅范围；如果正射影像没有坐标信息，则需要在实地用 GNSS 导航设备(如手机、平板电脑等)根据图幅坐标确定图幅在正射影像上的位置，具体做法参见第 4 章 4. 1 节相关内容。

影像判绘：根据地物在像片上的构像规律，通过室内判读，识别影像的性质，并将影像显示的信息按照用图需要综合取舍后，用图示规定的符号标注在影像上。对于在室内无法准确判读的地物，则需要到实地调查绘制。影像判绘是外业调绘的基础，通常根据影像判绘结果制作外业调绘底图并设计外业调绘方案。

控制测量：对于缺少几何信息(或几何信息不够精确)的正射影像或近似正射影像(如未经纠正的卫星遥感影像)在成图之前应使用控制点对影像进行纠正处理，获得符合制图精度要求的正射影像。根据纠正所使用的数学模型要求，纠正通常需要数个控制点。控制点指同时具有像方坐标和地面坐标的特征点，依据多个控制点的像方坐标和地面坐标可计算整幅影像像方坐标和地面坐标间的计算参数，将影像的像方坐标系统一到成图地面坐标系。

影像纠正：采用一定的数学模型，利用多个控制点的像方坐标和成图地面坐标系计算像方坐标系(原始影像坐标)和成图地面坐标系(纠正后的影像坐标)之间的几何关系，获得数学模型的转换参数，并将所有像点按该数学模型和参数计算成图地面坐标并重新生成纠正后的影像。不同的数学模型所需的控制点数量也不同，常使用的纠正模型如多项式纠正、共线方程纠正等。

6.2 影像判读与调绘

影像调绘是对遥感影像进行调查和绘制等工作的统称，是遥感成图外业工作之一。调绘之前一般需先对影像进行判读绘制并制订好调绘计划，调绘工作包括：确定调绘面积，制订工作计划；正确实施地形要素(道路、居民地、水系、植被、地貌等)的综合取舍；调查注记地理名称，量测必要的说明注记；补测影像上没有的新增地物或无法看清的地物等。综合取舍是像片调绘工作的重点和难点，其依据包括测图规范、地图比例尺和测区地形特点。

由影像生成线划图(如图6-1所示的由数字正射影像图DOM绘制数字线划图DLG)的过程中，地形要素的多种信息并不能直接由影像得到，如各种地物的属性、影像上因遮挡造成的地物缺失或部分缺失等，这些信息在绘制线划图之前需到测区实地进行调查绘图获得。

调绘成果应以满足内业制图的需求为基本要求。调绘过程中携带影像图(打印的像片或电子设备显示并处理的数字影像)到影像对应的测区实地，通过对照影像和测区实地地表的真实情况，确定位置几何信息、获得各种属性信息，将调查的现实资料描绘在影像上并加以注记以满足后续制图需要。这些信息主要包括各制图要素的各种必要信息，如道路等级、名称、宽度、走势，河流、水渠、湖塘等水系地物名称、宽度、水涯线位置，各种线状地物如电线、通信线走势，地表覆盖如植被、地表类型信息，房屋轮廓、结构、构筑物种类等。这些信息仅通过影像判读无法确定，地物地貌特征也经常无法从影像中直接获取，需要通过调绘来进一步确认。对于因遮挡或者因地物较小在影像上无法定位的地物，则更需要通过调绘来获取地物的位置信息。

调绘信息有些可以直接绘制、记录在携带影像图(打印的像片或电子设备显示并处理的数字影像)上，当调绘信息量较大，影像上难以记录完整时应绘制草图进行专门记录。

调绘的主要内容按地形要素类别划分为如下八大类。

(1)居民地调绘：各类居民地包括独立房屋、街区式居民地、散列式居民地、窑洞式居民地等各种形式的居民地调绘。对于城市大比例尺成图，居民地调绘主要指各种房屋的调绘，调绘时需判明房屋建筑的范围轮廓、结构类型(砼房、砖房、铁房、钢房、木房、混房)和质量属性、权属属性、附属物(台阶楼梯)信息。对于需要精确获取墙基位置的建筑物，还需要量取由顶面位置推算墙基位置的各种几何数据；如果在影像上仅能看到并量取建筑物屋檐位置，而制图时需要建筑物墙基位置，在调绘时需要量取屋檐至墙基的改正数据。对于房屋与其他地物的相互位置关系也应标示清楚，如房屋与空地、道路等的相对位置包含关系。

(2)道路调绘：调绘铁路、公路及其类型(国道、省道、普通公路等)、其他道路类型(大车路、小路、乡间小路、内部道路等)、桥梁等地物。调绘时需判明道路类型及等级、名称、属性信息，确定道路与居民地、独立地物、水系、堤岸等地物以及与沟、坎、坡崖等地貌特征之间的关系。

(3)管线、垣栅的调绘：管线包括各种电力线、通信线及水、电、燃气、热力等各类管道，垣栅包括城墙、各种围墙、栅栏、铁丝网、篱笆等设施。调查管线、垣栅的各种属性如名称、等级、走向、类型，对管线、垣栅的各种附属设施(如变电站、电井等电力设施，信号塔、控制箱等通信设施，各类管道维修井井盖等)也应按要求调绘。

(4)水系调绘：调绘河流、湖泊、水库、池塘、沟渠、水源等地物及其附属设施(如拦水坝、泵站、闸、涵、洞等地物)的名称、类型、水流特性、水深、权属等属性。

(5)植被调绘：包括耕地、菜地、经济作物地、水生作物地的调绘，草地、高草地、半荒植物地、荒草地等草地调绘，森林、疏林、小面积树林、狭长树林、行树、独立树丛、零星树木、苗圃、经济林等各种林地调绘，确定各种植被的地类界并配以对应地类的符号，记录相关的名称、权属等属性。

(6)地貌和土质调绘：确定各种地貌元素(如沟、坎、坡、崖、洞等)的性质、类别、边界，确定各种土质地类，如水泥地、铺装地面、各种自然地表(包括陡石山、露岩地、石块地、沙砾地、戈壁滩、盐碱地、龟裂地、沙地等)。

(7)境界的调绘：境界是在地形图上表示行政区划的界线，境界分国界和国家内部境界两种，调绘时应根据成图比例尺要求调查并绘制图幅范围内存在的各种境界。

(8)其他需要在地图上表示的各种独立地物，如立杆、消防栓、墩亭、井及其类型、工农业设施、路灯、垃圾桶、球场、坟场、工地等。

6.3　控制测量

影像纠正过程中所需的控制点应同时具有像方坐标和成图地面坐标，通过纠正解算获得两种坐标间的换算参数。控制点的像方坐标在影像上直接量取，其地面坐标可采用各种控制测量方法在实地测定。在当前的技术状态下，控制测量通常使用 GNSS 定位方法测定，相关内容参见第 3 章。

因控制点需同时具有像方坐标和成图地面坐标，选作控制点的特征点必须在影像上清晰可见且边界明确，在影像上可以精确量取其像点像方坐标，同时在实地也能方便准确地找到像点对应的实地点位。如图 6-3 所示，中间是图幅影像及所需的 5 个控制点大致位置，两边是四角控制点附近局部放大的影像，标记了具体选点位置，控制点可选择不同地面材质交界的拐点(图中左边两个控制点)、地物边线角点(图中右下角控制点)、地面喷涂区角点(图中右上控制点)等明显影像特征点。控制点坐标误差一般不超过图上 0.1mm，如 1∶2000 比例尺成图，则控制点中误差不超过 0.2m，实地选取控制点时，实地点位与影像像点点位相差也应不超过 0.2m。

控制点选点时除需保证选点精度外，还应考虑控制点测量的可行性。如采用 GNSS 定位方法测定控制点坐标，则控制点还应满足点位稳固、卫星信号良好等基本要求，具体要求参见第 3 章的相关内容。

根据控制点精度要求，可选择 GNSS 控制网、单基线 GNSS 相对定位、RTK 等方式测定控制点坐标，具体方法参见第 3 章的相关内容。

图 6-3　控制点选点示例

6.4　基于影像绘图

基于影像绘图是在绘图软件中进行的，所使用的绘图软件与 4.7 节所使用的软件一致，本书以南方数码 iData 数据工厂为例介绍基于影像绘图过程。

在南方 iData 软件中，正射影像或普通影像都是以栅格图像数据插入图形中，经纠正、配准后将栅格图像配准到成图坐标系，使栅格图像位置、朝向尺度与成图坐标系一致，然后以图像为基准绘制各类成图要素，得到矢量地图。

6.4.1　影像绘图流程

基于影像绘图基本流程如图 6-4 所示。

数据准备即准备好需进行绘制的影像数据、控制点数据等，新建/打开 mdb 与 4.7.2 小节内容相同，参照前面相关章节。插入影像后，在影像的基础上绘制图形并进行编辑整饰完成出图。

6.4.2　插入影像数据

在控制面板区域选择“编码表”选项卡，在该选项卡上找到当前的数据库 mdb 模板，右键点击该 mdb 模板，弹出菜单，选择“插入影像数据(I)”，操作如图 6-5 所示。

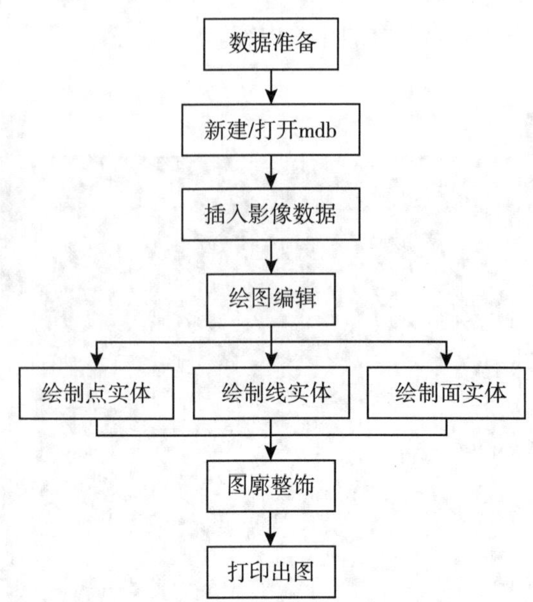

图 6-4　影像数字化成图基本流程

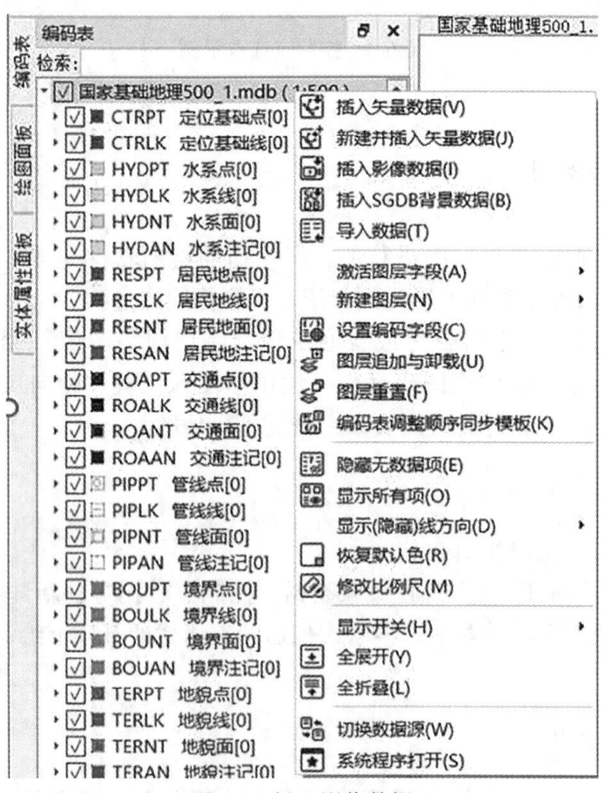

图 6-5　插入影像数据

iData 数据工厂支持的影像数据格式有 tif、img、imgx 和 jpg 四种。软件支持大尺寸影像数据，为保证影像数据处理效率，在软件中对影像进行了金字塔切片处理，在首次插入某幅影像时生成影像金字塔，完成后即可在编码表中看到影像数据列表，如图 6-6 所示。

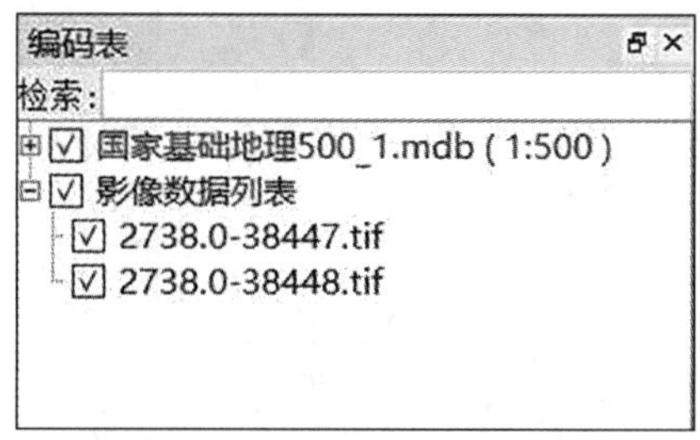

图 6-6　影像数据列表

右键单击影像数据列表，可弹出影像操作菜单如图 6-7 所示。

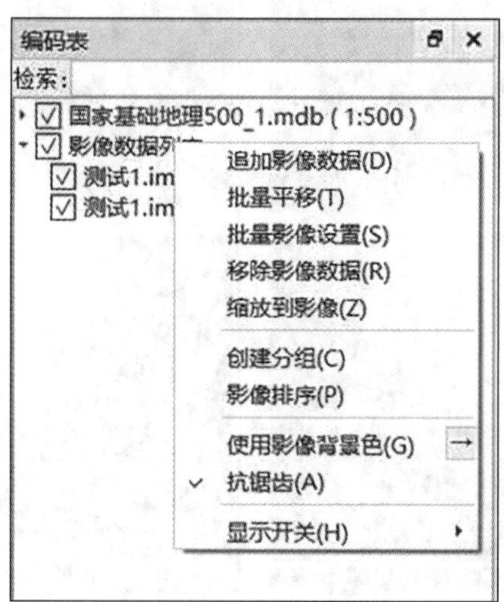

图 6-7　影像操作菜单

“追加影像数据”：在影像数据列表中插入更多的影像数据。

“移除影像数据”：清空影像数据列表，将列表中影像数据移除。

“缩放到影像”：按当前影像将绘图区视图进行位置平移、缩放，适应当前影像范围大小。

“创建分组”：对影像列表中的数据进行分组管理。

“影像排序”：用于调整影像列表中的影像上下叠放顺序，影像排序如图 6-8 所示。

“抗锯齿”：用于调整影像的视觉效果，将边缘模糊化，以便于数据采集，如图 6-9 所示，右边即为抗锯齿显示的效果。

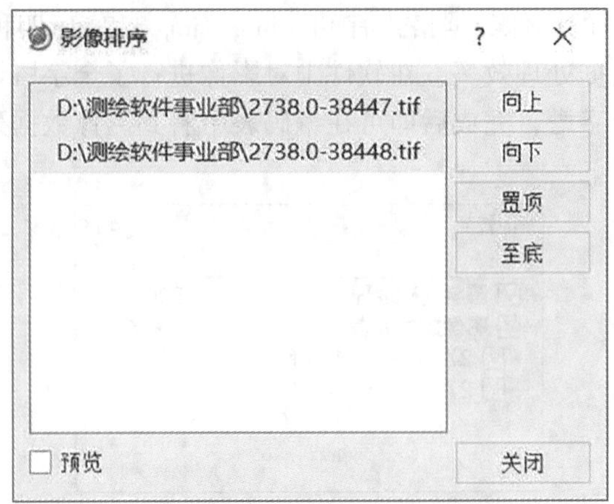

图 6-8　影像排序

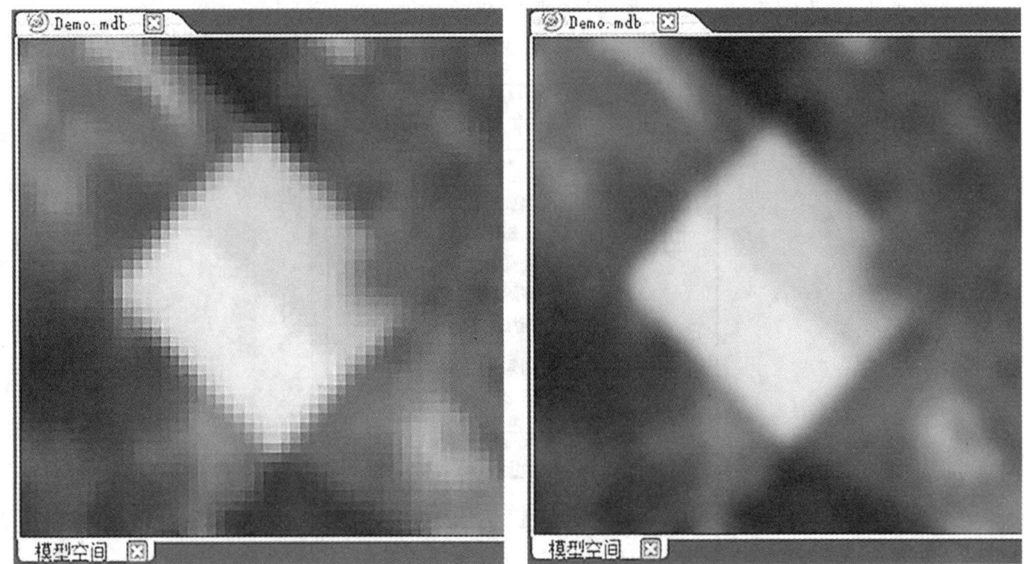

图 6-9　抗锯齿显示效果

"使用影像背景色"：将影像的黑边调整为与视口背景色一致的颜色，如图 6-10 所示，使用此功能时需要影像"抗锯齿"处于关闭状态。当抗锯齿功能处于作用状态时，影像背景色的调整以及影像拉伸效果都将失效。

"显示开关"：用于控制影像是否显示，勾选需要显示的影像。使用此功能时需要影像"抗锯齿"处于关闭状态。

可通过"均衡化"或"标准偏差"方式调整影像像素值，增强影像对比度。此功能适用于对比度低，难以判读的影像。

6.4.3　影像纠正处理

鼠标右键单击影像数据列表中的某一幅影像时，弹出影像处理菜单，如图 6-11 所示，选择菜单调用影像纠正及其他一些影像处理功能。

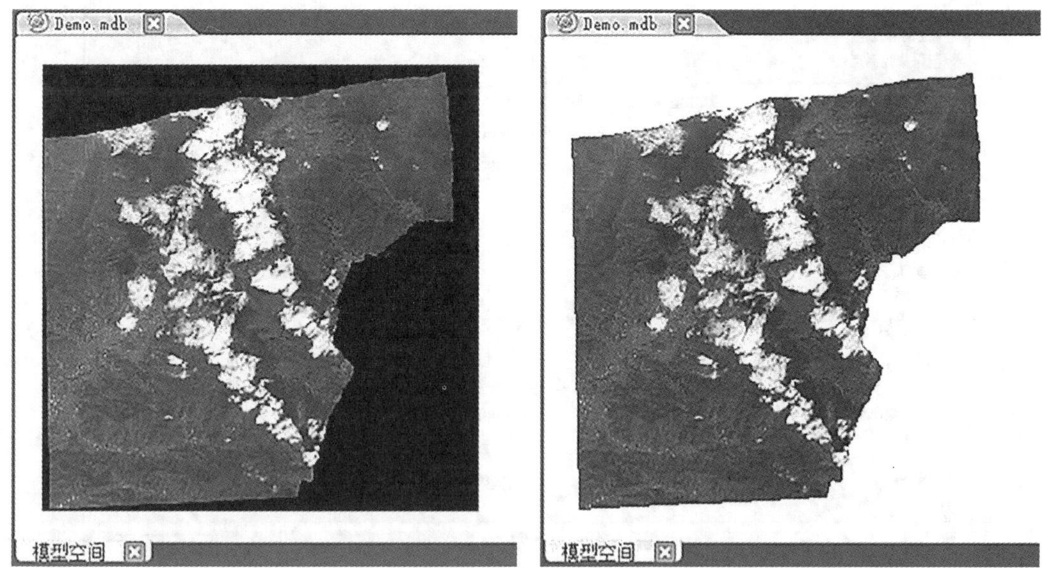

图 6-10 使用影像背景色效果

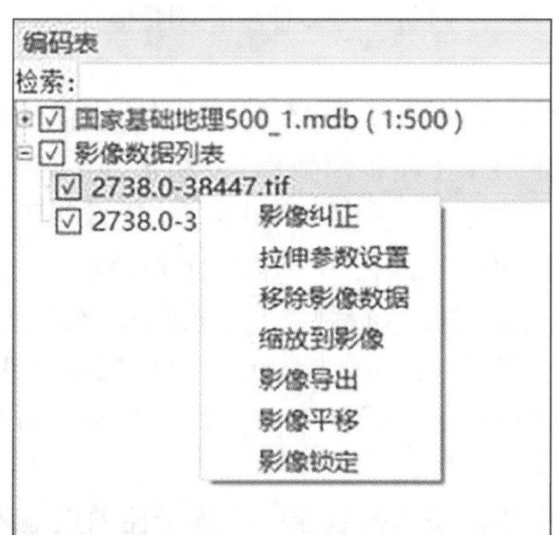

图 6-11 影像处理功能

1. 影像纠正

通过影像纠正，对影像的显示位置、方向、大小进行调整，使影像坐标与成图坐标系一致，在此基础上“描图”成图。在影像处理弹出式菜单中选择“影像纠正”项启动影像纠正功能。“影像纠正”对话框如图 6-12 所示。

iData 数据工厂提供四种影像纠正处理方式：控制点变换、平移影像、缩放影像、旋转影像，已经过正射影像制作处理的正射影像在软件中只需经过旋转、平移、缩放处理即可将影像纳入测图坐标系。未经正射投影处理的遥感影像则需要通过控制点进行影像纠正处理。

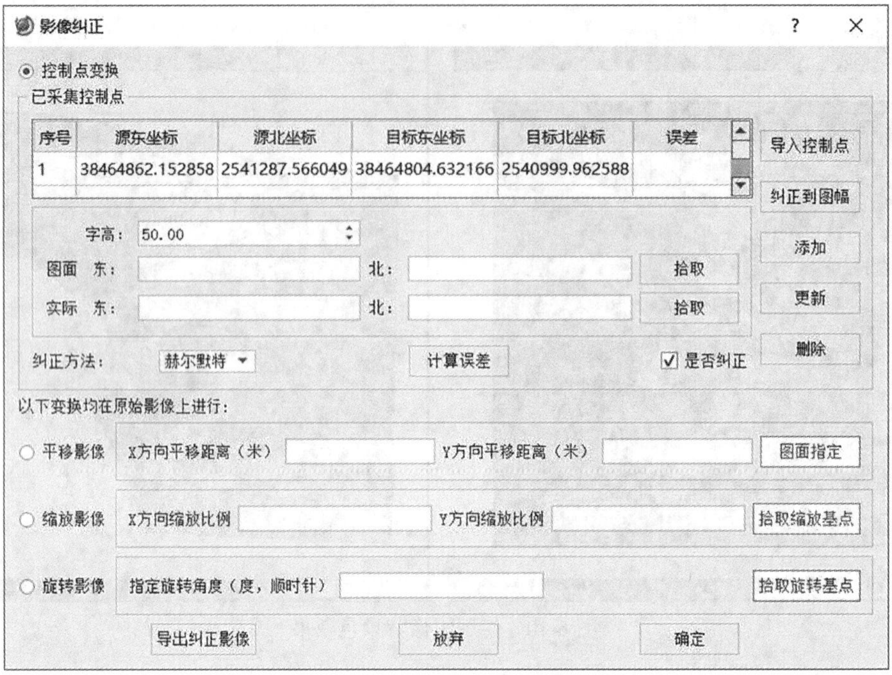

图 6-12　“影像纠正”对话框

进行“控制点变换”影像纠正时，首先编辑用于纠正影像的控制点，然后由控制点将图像从图 6-12 所示的“图面”坐标(即影像坐标)处纠正到“实际”坐标(成图坐标系坐标)处。控制点可编辑存储在一个文本文件中，纠正时在“影像纠正”对话框中点击“导入控制点”按钮导入，也可在“影像纠正”对话框中依次添加控制点。

导入控制点的方法为：点击“导入控制点”，选择 txt 格式的控制点文件导入即可，控制点文件中每一行记录一个控制点，包含控制点序号，控制点纠正前坐标和纠正后坐标。控制点记录格式为：序号(也可无序号这一列)，源东坐标，源北坐标，目标东坐标，目标北坐标。

在“影像纠正”对话框中依次添加控制点时，逐个控制点输入控制点的“图面”坐标和“实际”坐标(图 6-12)，也可点击对应坐标的“拾取”按钮，在当前绘制的图上直接点击拾取坐标。一般情况下，图面坐标(纠正前的影像点坐标)通过放大影像在绘图图面上点击拾取，实际坐标则直接输入控制测量得到的成果坐标，坐标输入完毕后点击“添加”按钮完成该控制点输入。

输入的所有控制点均在控制点列表中显示，选中控制点列表中某个控制点后可点击“删除”按钮删除该控制点；也可在坐标输入框中重新输入该点坐标，再点击“更新”按钮替换原有坐标。

控制点编辑完成后，点击“确定”按钮，实现影像纠正。如需保存纠正后的影像，可点击“导出纠正影像”按钮将纠正后的影像另存，以便下次直接调用。

除“控制点变换”影像纠正处理外，iData 数据工厂还提供其他集中影像处理方式，包括以下三种。

“平移影像”：通过输入 X 轴方向和 Y 轴方向的平移距离(或在绘图图面指定基点和目标点)，对影像进行平移。

“缩放影像”：通过输入 X 轴方向和 Y 轴方向的缩放比例并选择缩放基点，对影像进行比例缩放。

“旋转影像”：通过输入旋转角度并制定旋转基点，对影像进行顺时针旋转。

2. 其他影像处理功能

如图 6-11 所示，选中某幅影像除“影像纠正”处理外，还包括其他几种处理功能。

“移除影像数据”：从影像数据列表中移除选中的影像。

“缩放到影像”：将绘图区域视图按当前选中的影像缩放，包含当前选中的影像的范围。

“影像导出”：导出所选的影像，支持 tif 和 img 格式。

“影像锁定”：使所选的影像处于锁定状态，锁定后诸如状态栏的“影像显示开关”对该影像不起作用。

6.4.4 地物绘制

经影像纠正后，影像像幅已整体纳入成图坐标系，根据影像判读及外业调绘的结果基于影像绘制地图要素，经纠正后的正射影像图仅包含平面信息，在绘图过程中仅绘制以地物为主的平面图。本书介绍的绘制方法是基于正射影像的地图手工“勾绘”方法，根据影像在绘图软件中“勾绘”地图，不同于立体测图及自动/半自动影像矢量化成图。

1. 图幅格网设置

在地图绘制前，首先确定所绘图幅的图幅范围，在成图软件中确定图幅范围线。在“绘图处理”菜单选项卡中点击“投影设置”按钮，弹出“图幅格网设置”对话框如图 6-13 所示。

设置地形图分幅时与图幅网格相关的参数，包括分幅参数、椭球参数和投影参数等，分幅参数设置分幅方法(矩形分幅或梯形分幅)及图幅大小，椭球参数及投影参数一般用于梯形分幅(或称经纬度分幅)。

“分幅参数”：设置分幅比例尺和分幅方式、大小。选择相应的分幅比例尺及图幅大小，矩形分幅有 50cm×50cm、50cm×40cm、40cm×40cm 三种格网，梯形分幅则直接按标准经差和纬差确定分幅大小。

“椭球参数”：用于设置使用的坐标系，用户可从“坐标系统”下拉框中选择正确的坐标系，也可自定义坐标系。目前我国用的坐标系是 2000 国家大地坐标系(CGCS2000)，也是软件中的缺省坐标系。

“投影参数”：用于设置投影带宽、中央子午线等投影参数。使用梯形分幅时，需要设定投影带宽、投影带号、中央子午线经度、横向偏移量和纵向偏移量。中央子午线经度会根据选择的高斯投影带号自动确定。若要在横坐标前加带号，可勾选“横坐标加带号”。

“大比例尺图幅号”：大比例尺地形图常采用图幅东南角坐标公里数编号，如图幅编号为“37.25-54.50”，表示该图幅西南角坐标为(37250.000，54500.000)。如采用这种编号方式，可设置图幅号的显示方式，根据需要设置坐标显示的整数和小数位数，以及小数位是否显示、顺序号是否显示、坐标分隔符样式。

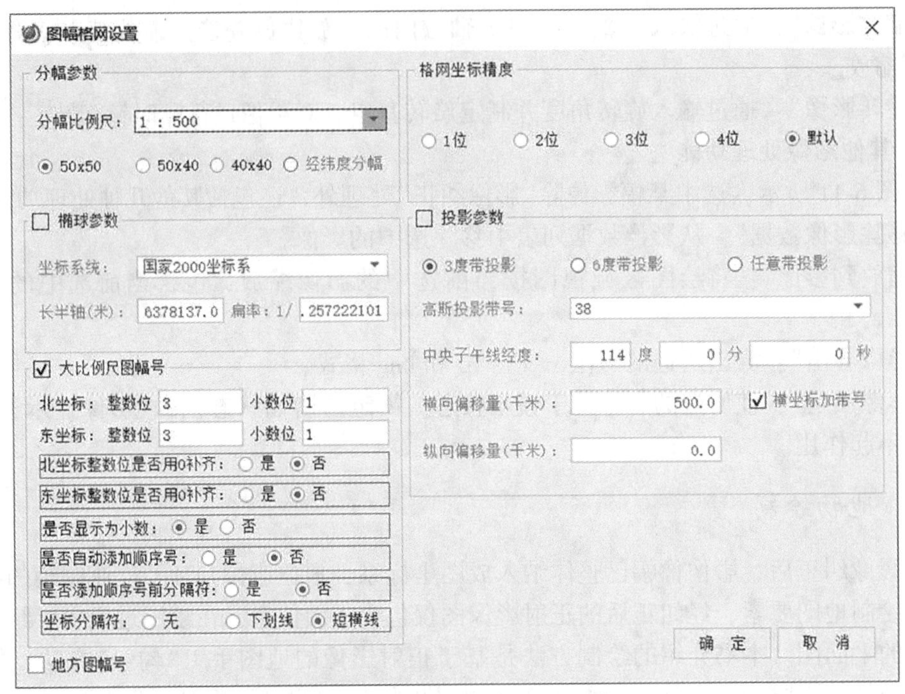

图 6-13　“图幅格网设置”对话框

“格网坐标精度”：当分幅方式为中、小比例尺经纬度分幅时，设置图幅各角点坐标的小数位数。

2. 地物绘制编辑

居民地：居民地主要地物包括各类独立房屋、街区式居民地、散列式居民地等，绘制时勾绘居民地的范围轮廓、标注结构类型(砼房、砖房、铁房、钢房、木房、混房)和质量属性、权属属性、附属物(台阶楼梯)信息。对于房屋与其他地物的相互位置关系也应标示清楚，如房屋与空地、道路等的相对位置包含关系。

道路：按照图示勾绘铁路、各类公路、其他道路(大车路、小路、乡间小路、内部道路等)、桥梁等地物。

管线、垣栅：按照图示勾绘各种电力线、通信线及水、电、燃气、热力等各类管道，垣栅包括城墙、各种围墙、栅栏、铁丝网、篱笆等设施。

水系：勾绘河流、湖泊、水库、池塘、沟渠、水源等水系水涯线及其附属设施(如拦水坝、泵站、闸、涵、洞等地物)。

植被：勾绘耕地、菜地、经济作物地、水生作物地等各类植被的地类界，并配以对应地类的符号、名称、权属等属性。

地貌和土质：按图示绘制各种地貌元素如沟、坎、坡、崖、洞等的边界，绘制各种土质地类，如水泥地、铺装地面、各种自然地表(包括陡石山、露岩地、石块地、沙砾地、戈壁滩、盐碱地、龟裂地、沙地等)的地类界并标注属性。

境界：绘制图幅范围内的各级行政区划的界线。

其他地物：各种独立地物，如立杆、消防栓、墩亭、井及其类型、工农业设施、路灯、垃圾桶、球场、坟场、工地等。

绘制完成后，可删除图像。

3. 成图精度评定

可采用实测检查点的方法评定成图精度，在野外实测一定数量的地物特征点作为检查点，其实测坐标作为已知值，在所成地图上量取成图后该地物特征点的坐标，两者之间的差值用于统计成图中误差。与控制点测量方法类似，检查点也可采用 GNSS 定位等方法测定，测量精度一般较之控制点略低，如采用 RTK 或者单基线相对定位方法测定。对于 1∶2000比例尺地图，按成图规范要求，其成图中误差不超过图上 0.6mm，其坐标中误差不超过±1.2m，检查点中误差±0.3～±0.4m，即可满足精度检查的要求。

对每个检查点计算成图点位坐标改正值：

$$\begin{cases} v_{x_i} = \hat{X}_i - X_i \\ v_{y_i} = \hat{Y}_i - Y_i \end{cases},\quad v_i = \sqrt{v_{x_i}^2 + v_{y_i}^2} \tag{6-1}$$

式中，$(\hat{X}_i,\ \hat{Y}_i)$ 为第 i 个检查点实测坐标；$(X_i,\ Y_i)$ 为第 i 个检查点成图坐标。

再由点位坐标改正值计算成图中误差：

$$m = \pm\sqrt{\frac{[vv]}{n}} \tag{6-2}$$

式中，m 为成图中误差；$[vv]$ 为 n 个检查点坐标改正值的平方和。

6.4.5　图廓整饰

地物绘制完成后，需对地图图廓进行整饰，选择图廓方案，输入图幅名和接图表，整饰内容及方法参见 4.7.5 小节相关内容。

附　　录

附录 1　水准仪的操作使用

一、水准测量仪器

1. 水准仪

水准仪是用于水准测量的主要设备，目前我国水准仪是按仪器所能达到的每千米往返测高差中数的偶然中误差这一精度指标进行划分，共分四个等级，如附表 1-1 所示。

附表 1-1　　**水准仪系列分级及主要用途**

水准仪型号	DS05	DS1	DS3	DS10
每千米往返测高差中数的偶然中误差	≤0. 5mm	≤1mm	≤3mm	≤10mm
主要用途	国家一等水准测量及地震监测	国家二等水准测量及其他精密水准测量	国家三、四等水准测量及一般工程水准测量	一般工程水准测量

附表 1-1 中，“D”和“S”是“大地”和“水准仪”汉语拼音的第一个字母，通常在书写时可省略字母“D”，数字“05”“1”“3”和“10”表示该类仪器的测量精度。S3 级和 S10 级水准仪称为普通水准仪，分别用于国家三、四等水准测量及普通水准测量，S05 级和 S1 级水准仪称为精密水准仪，用于国家一、二等精密水准测量。

2. 水准尺和尺垫

水准尺是水准测量使用的标尺，它用优质的木材或玻璃钢、铝合金等材料制作而成。常用的水准尺有直尺、塔尺和折尺等，如附图 1-1 所示。按精度高低可分为精密水准尺和普通水准尺。

1) 普通水准尺

材料：用木料、铝材或玻璃钢制成。

结构：尺长多为 3m，两根为一副，且为双面(黑面、红面)刻划的直尺，每隔 1cm 印刷有黑白或红白相间的分划。每分米处注有数字，一对水准尺的黑面、红面注记的零点不同。黑面尺的底端从零开始注记读数，红面尺的底端从常数 4687mm 或 4787mm 开始，称

为尺常数 K，即 $K_1=4.687\text{m}$，$K_2=4.787\text{m}$。

2) 精密水准尺

材料：框架用木料制成，分划部分用镍铁合金做成带状。

结构：尺长多为3m，两根为一副。在尺带上有左右两排线状分划，分别称为基本分划和辅助分划，格值1cm。这种水准尺配合精密水准仪使用。

3) 尺垫

尺垫由三角形的铸铁块制成，上部中央有突起的半球，下面有三个尖角以便踩入土中，使其稳定，如附图1-1所示。使用时，将尺垫踏实，水准尺立于突起的半球顶部。当水准尺转动方向时，尺底的高程不会改变，主要用作转点使用。

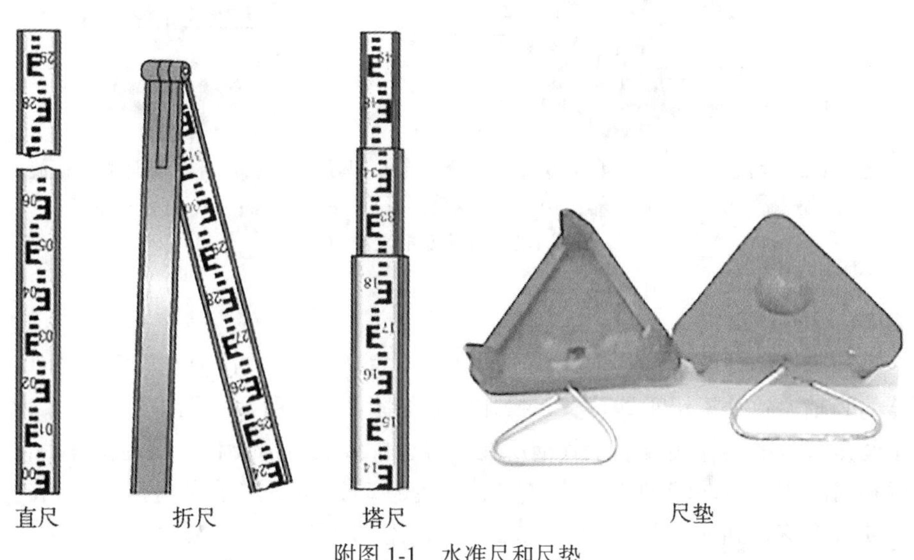

附图1-1　水准尺和尺垫

3. 自动安平水准仪的结构

用水准仪进行水准测量时，水平视线的获得是依据仪器上的管水准器(水准管)的气泡居中时认为视线是水平的。而要保证气泡严格居中是非常困难的，同时对于提高水准测量的速度和精度也是很大的障碍。自动安平水准仪通过在光路中放置光线补偿器，保证了在十字丝交点上得到的读数与视线水平时候的读数相同。因此，这种水准仪没有水准管，操作时只需圆水准气泡居中即可，极大地缩短了水准测量的作业时间。自动安平水准仪已取代普通水准仪而得到广泛使用，其外形及主要部件名称如附图1-2所示。

二、水准仪的使用

使用水准仪的基本操作包括安置水准仪、粗平、瞄准、精平和读数等步骤，由于自动安平水准仪没有水准管，可以不需要精平。

1. 安置水准仪

将三脚架三条腿上的紧固螺栓松开，根据个人身高将三条腿拉至适当的长度，将紧固螺栓拧紧；再将三条腿分开适当的角度稳定地架设在地面上，如果角度过大容易滑开，同时影响观测，如果角度太小则导致架设不稳定，容易被碰倒，三脚架架好后应稳定不下沉，顶面大致水平。然后从仪器箱中取出水准仪安放在三脚架头上，拧紧固定螺栓。安置好之后，固定三脚架的两条腿，一手将另外一条腿前后左右摆动，一手扶住脚架顶部，眼睛同时注视圆水准气泡的移动，使其尽量往气泡中心移动。如果地面比较松软，则将三脚架三个角踩实，使仪器稳定，且使气泡尽量靠近中心。

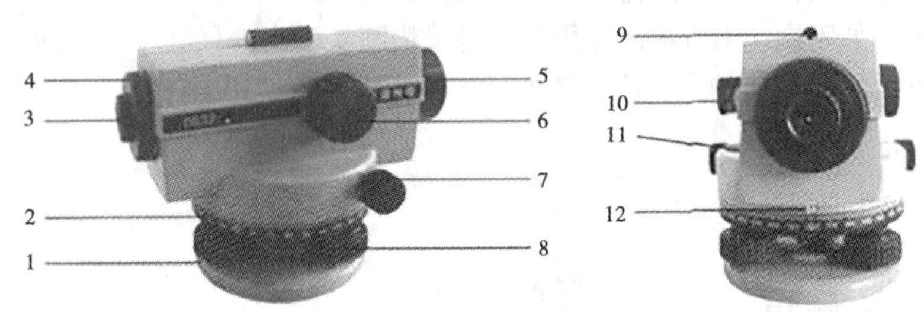

1. 基座；2. 度盘；3. 目镜；4. 目镜罩；5. 物镜；6. 调焦螺旋；7. 水平循环微动螺旋；
8. 脚螺旋；9. 光学瞄准器；10. 水泡观察器；11. 圆水准器；12. 度盘指示牌

附图 1-2　自动安平水准仪

2. 粗平

粗平是用脚螺旋使圆水准气泡居中(在前一步的基础上，气泡已接近圆圈中心)，从而使仪器的竖轴大致处于铅垂线位置。操作步骤如附图 1-3 所示。图中 1、2、3 为三个脚螺旋，中间是圆水准器，实线表示气泡所在位置，虚线表示需要移动到的位置。首先用双手分别以相对或相向方向转动脚螺旋 1、2，气泡移动方向与左手大拇指方向相同。如箭头所示，使气泡移动到两个脚螺旋 1、2 的中间[附图 1-3(a)]，然后再转动第三个脚螺旋，使气泡向中心移动[附图 1-3(b)]，最终结果如附图 1-3(c)所示。

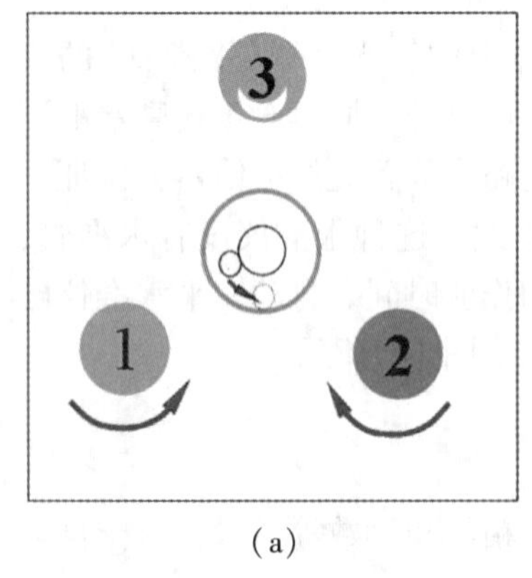

(a)

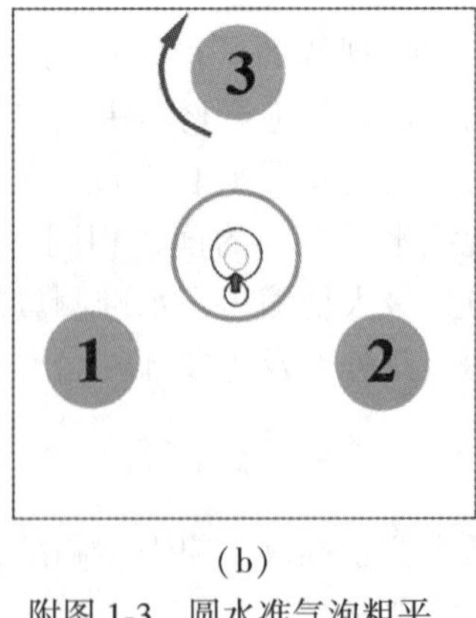

(b)

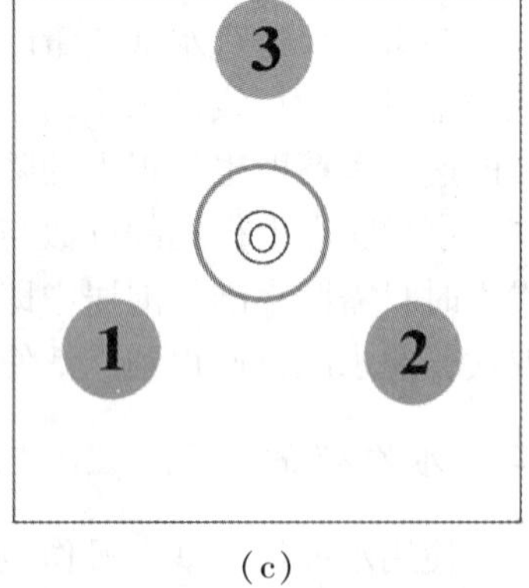

(c)

附图 1-3　圆水准气泡粗平

3. 瞄准

用望远镜瞄准目标前，先将十字丝调至清晰。瞄准目标应首先用望远镜上的外部瞄准器，在基本瞄准水准尺后，用制动螺旋将仪器制动(带有制动螺旋的水准仪)。如果从望远镜中看到水准尺，但成像不清晰，可以转动调焦螺旋至影像清晰。最后用微动螺旋转动望远镜使十字丝对准水准尺，眼睛上下晃动检查是否有视差存在，如有视差，调节目镜直至视差消除。

4. 精平

如果使用的不是自动安平水准仪，仪器上有微倾螺旋，读数前应使用微倾螺旋将水准仪视线严格置平(精平)。通过观察气泡是否完全符合以判定是否精平，调节微倾螺旋的过程中在符合棱镜中观察且使水准管气泡两端的影像直至符合成一个圆弧。自动安平水准仪则无需这一步骤。

5. 读数

仪器精平后即可在水准尺上读数。为了保证读数的准确性，提高读数速度，可以先看好估读数(毫米数)，然后再将全部数据报出。一般习惯上报四位数字，即米、分米、厘米、毫米，最终单位以毫米为单位。如附图1-4所示，黑面读数1466，红面读数6253(红面尺底端起点4787)。

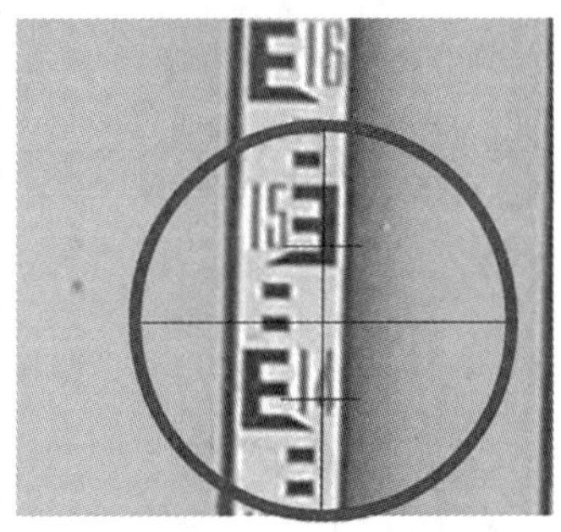

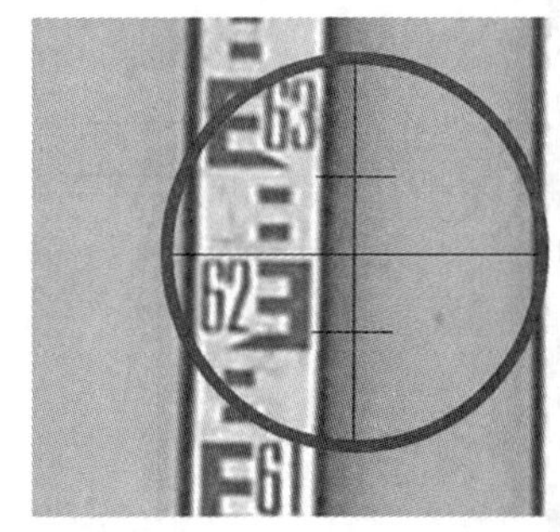

附图1-4　水准尺读数

三、水准仪检验

1. 圆水准器的检验与校正

水准仪圆水准器轴应与竖轴平行，当圆水准器气泡居中、圆水准器轴竖直时，水准仪竖轴也应竖直。圆水准器的检验即检验圆水准器轴是否平行于竖轴，当不平行时应予以校正。

检验时首先利用水准仪脚螺旋将圆水准器气泡调整到居中，旋转水准仪180°，如果气泡依然居中则表示圆水准器轴平行于竖轴；如果气泡不居中，则表示圆水准器轴不平行于竖轴，需要校正圆水准器轴。校正时首先按整平的方法使用脚螺旋将气泡由偏移位置向中心调整到一半的位置，然后使用校正针拨动圆水准器下的校正螺钉，将气泡校正到中心。之后再重复检查校正，直至完全满足两轴平行的条件。

2. 水准仪 *i* 角检验

(1)在较为平坦的地面选择相距45m左右的两固定点 A、B，在 A、B 两点处立尺(附

图 1-5)。

(2)在如附图 1-5 所示的 I_1、I_2 处先后设置仪器，仔细整平后，分别在 A、B 标尺上照准读数四次。

(3)按下式计算 i 角：

$$i = \frac{[(a_2 - b_2) - (a_1 - b_1)] \cdot \rho}{2 \cdot (D_2 - D_1)} - 1.61 \times 10^{-5} \cdot (D_1 + D_2)$$

式中，a_1 为在 I_1 处观测 A 标尺的读数平均值，单位为毫米(mm)；b_1 为在 I_1 处观测 B 标尺的读数平均值，单位为毫米(mm)；a_2 为在 I_2 处观测 A 标尺的读数平均值，单位为毫米(mm)；b_2 为在 I_2 处观测 B 标尺的读数平均值，单位为毫米(mm)；D_1 为仪器近标尺距离，单位为毫米(mm)；D_2 为仪器远标尺距离，单位为毫米(mm)；ρ 为弧度化为角度秒，$\rho = 206265''$。

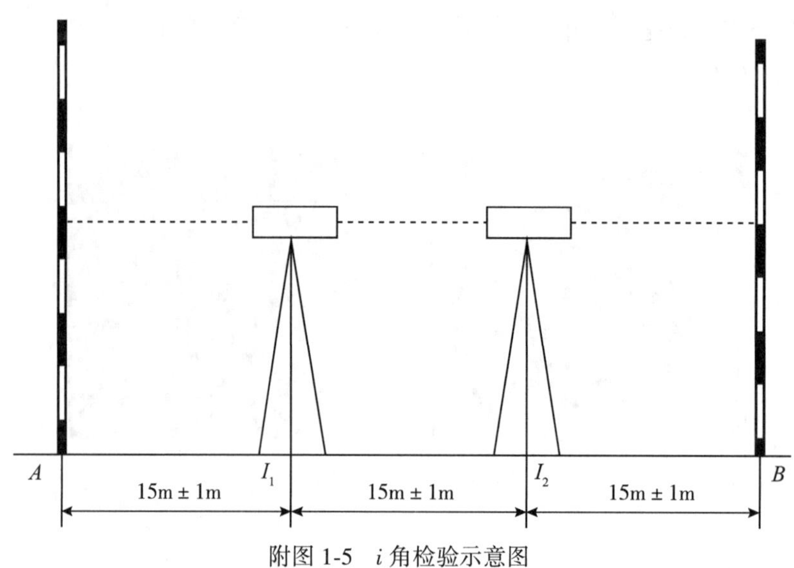

附图 1-5　i 角检验示意图

四、四等水准测量

使用 DS3 级水准仪，按四等水准测量要求测量多个线路段之间的高差，形成闭合或附合水准线路。通过四等水准测量，熟悉四等水准测量的各项观测限差，掌握四等水准测量的观测顺序、数据记录及计算方法，掌握测站及水准路线观测数据的检核方法。

1. 仪器设备

(1)DS3 级自动安平水准仪 1 台。

(2)3m 双面水准尺 1 对，尺垫 2 个。

(3)三脚架 1 个，记录板 1 块。

2. 实施方法及步骤

(1)每个测站上的观测顺序为：照准后视尺黑面，依次读取视距丝、中丝读数；照准前视尺黑面，依次读取中丝、视距丝读数；照准前视尺红面，读取中丝读数；照准后视尺红面，读取中丝读数。观测顺序简称为“后前前后，黑黑红红”。当测量人员测量技术熟稔后，为提高测量效率，也可以按“后后前前，黑红黑红”的顺序观测。

(2)观测员应能独立操作仪器并准确读出观测数据，记录员应准确记录观测数据，并及时计算出：视距、前后视距差、前后视距差累积、黑红面读数差、黑红面高差之差。检核观测是否满足要求，当读数差超限后应及时重新观测。各项观测限差如附表 1-2 所示。

附表 1-2　**四等水准测量观测限差**

视距	前后视距差	前后视距差累积	黑红面读数差	黑红面高差之差	高程闭合差
≤80m	≤5m	≤10m	≤3mm	≤5mm	$\leqslant 20\sqrt{L}$

(3)数据记录和计算。按附表 1-3 的格式记录观测数据，并计算各项限差。表中填充区域为读数及计算序号，1、2 为示例数据，表示第 1、2 测站的观测计算数据。

附表 1-3　**四等水准测量记录手簿**

测站编号	后尺 下丝 / 上丝	前尺 下丝 / 上丝	方向及尺号	标尺读数		K+黑-红	高差中数	备注
	后距 / 视距差 d	前距 / ∑d		黑面	红面			
	(1)	(5)	后	(3)	(8)	(10)		
	(2)	(6)	前	(4)	(7)	(9)		
	(12)	(13)	后-前	(16)	(17)	(11)		
	(14)	(15)						
1	1197	0363	后	1384	6171	0		
	1571	0739	前	0551	5239	-1		
	374	376	后-前	0833	0932	+1	+0832. 5	
	-0. 2	-0. 2						
2	0856	0931	后	1214	5903	-2		
	1575	1667	前	1296	6082	1		
	719	736	后-前	-82	-179	-3	-0080. 5	
	-1. 7	-1. 9						

附表 1-3 中括号内的数字为观测记录序号，(1)—(8)项为直接观测得到的观测数据，其余的(9)—(17)项由记录员通过直接观测数据计算得到。计算公式如下。

观测限差的计算：

$$(9)=(4)+K_1-(7)$$
$$(10)=(3)+K_2-(8)$$
$$(11)=(10)-(9)$$

(10)和(9)分别为后、前标尺的黑面、红面读数差；K_1，K_2 为水准尺红面的底端起点，读数一般为4687mm和4787mm，在观测过程中，由于两水准尺交替前进，所以要注意水准尺对应的常数值。(11)为黑面、红面所测的高差之差。

高差的计算：

$$(16)=(3)-(4)=h_{黑}$$
$$(17)=(8)-(7)=h_{红}$$

(16)为黑面所得高差，(17)为红面所得高差。由于两个水准尺的红面底端起点不同，所以(16)和(17)不相等，一般相差±100mm，这也可以作为观测值是否有错误的一次检核，即：

$$(11)=(16)-(17)\pm 100$$

视距部分的计算：

$$(12)=(2)-(1)$$
$$(13)=(6)-(5)$$
$$(14)=(12)-(13)$$
$$(15)=本站(14)+前站(15)$$

最后的高差由黑面高差和红面高差取平均值，由于一对水准尺的红面底端起点不同，(16)和(17)不相等，所以在取平均值的时候以黑面高差为准，将红面高差±100mm。

$$h_{中}=\frac{(16)+(17)\pm 100}{2}$$

3. 注意事项

(1)注意爱护仪器，按操作步骤进行观测。

(2)严格遵守作业规定，误差超限时应返工重测。

(3)总测站数应为偶数。要用步测使前后视距大致相等，施测中注意调整前后视距，使视距差累积不超限。

(4)各项指标合格，水准路线闭合差在容许范围内方可收测。

(5)实习结束后上交四等水准测量观测手簿。

五、水准测量观测数据处理

1. 数据预处理

一条水准路线观测完成后，要对观测数据按测段(需要确定高程的两个水准点之间的水准路线)进行整理，将每个测段包含的所有测站的高差求和，视距求和。如附图1-6所示，从 A 点到 B 点为观测的一条水准路线，1，2，…，n 为所要确定水准高程的高程点，则 A 到1，1到2，2到3，3到4，4到 B 分别各为一个测段。而在任何一个测段中都有若干测站，预处理就是将一个测段中若干测站的高差求和，视距求和。

$$总视距 = \sum(12) + \sum(13)$$

$$总高差 = \sum h_{中}$$

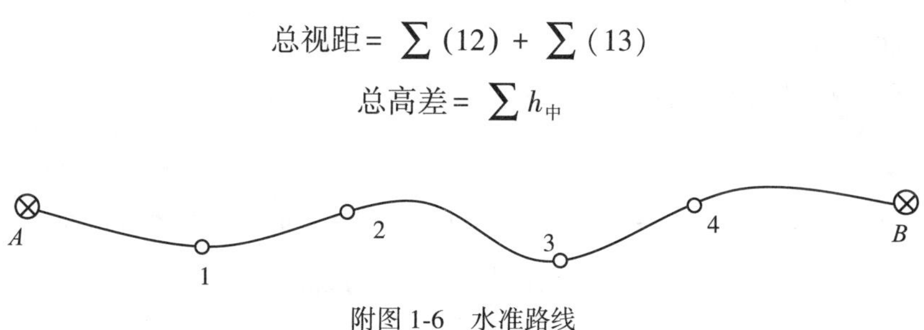

附图 1-6　水准路线

2. 近似平差计算

当水准线路闭合或附合时，可进行近似平差计算。水准测量近似平差计算的目的是检查外业观测成果的质量，经过各项改正计算消除观测数据中的系统误差。处理偶然误差，计算出高差的平差值和各待定点平差后的高程值，并对观测精度进行评定，计算出附合或闭合水准路线闭合差、高差中误差、高程的中误差。以下以闭合水准路线的计算过程为例进行说明。附图 1-7 所示为一条闭合水准路线，各测段观测的高差数据为 $h_{A1}=1.652$，$h_{12}=-1.371$，$h_{23}=1.451$，$h_{3A}=-1.712$；各测段观测的距离数据为 $L_{A1}=1.2\text{km}$，$L_{12}=0.8\text{km}$，$L_{23}=1.5\text{km}$，$L_{3A}=0.6\text{km}$。已知点 A 的高程 $H_A=18.164\text{m}$。平差计算各点高程，并进行精度评定。

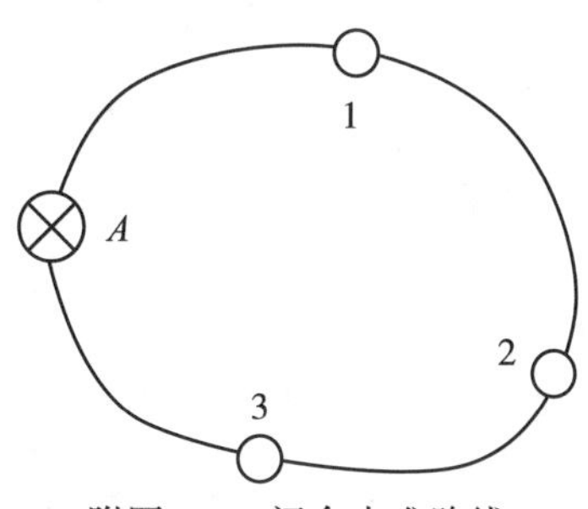

附图 1-7　闭合水准路线

计算步骤如下。

(1)计算高程闭合差：$f_h=\sum h_i=1.652-1.371+1.451-1.712=0.020\text{m}$；

(2)计算水准路线总长：$L=\sum L_i=1.2+0.8+1.5+0.6=4.1\text{km}$；

(3)判断闭合差是否超限：$f_h \leqslant f_{容}=20\sqrt{L}\text{mm}=40\text{mm}$；

(4)计算各测段高差改正数：

$$v_i=-f_h\cdot\frac{L_i}{L}$$

$$v_1=-20\cdot\frac{1.2}{4.1}=-5.9\text{mm},\quad v_2=-20\cdot\frac{0.8}{4.1}=-3.9\text{mm}$$

$$v_3=-20\cdot\frac{1.5}{4.1}=-7.3\text{mm},\quad v_4=-20\cdot\frac{0.6}{4.1}=-2.9\text{mm}$$

(5)检查改正数 $\sum v_i = -f_h$；

(6)计算各测段改正后的高差：

$$\hat{h}_i = h_i + v_i$$

$$\hat{h}_1 = 1.6461\text{m},\ \hat{h}_2 = -1.3749\text{m},\ \hat{h}_3 = 1.4437\text{m},\ \hat{h}_4 = -1.7149\text{m}$$

$$v_2 = -20 \cdot \frac{0.8}{4.1} = -3.9\text{mm}$$

$$v_3 = -20 \cdot \frac{1.5}{4.1} = -7.3\text{mm}$$

$$v_1 = -20 \cdot \frac{0.6}{4.1} = -2.9\text{mm}$$

(7)计算待求点高程值：

$$H_1 = H_A + \hat{h}_1 = 18.164 + 1.6461 = 19.8101\text{m}$$

$$H_2 = H_1 + \hat{h}_2 = 19.8101 - 1.3749 = 18.4352\text{m}$$

$$H_3 = H_2 + \hat{h}_3 = 18.4352 + 1.4437 = 19.8789\text{m}$$

附录 2　全站仪的操作使用

全站仪，即全站型电子速测仪(Total Station Electronic Tachometer)，是一种集光、机、电技术于一体的测量仪器，集水平角、垂直角、距离(斜距、平距)、高差、坐标等测量功能于一体的测量仪器系统。可以自动记录和显示读数，使测角操作简单化，且可避免读数误差的产生。因其一次安置仪器就可完成该测站上的全部测量工作，所以称为全站仪。根据测角精度可分为 0.5″，1″，2″，5″，10″等几个等级，其中以 2″级全站仪最为常见。

一、全站仪简介

1. 全站仪的结构

全站仪由电源、测角系统、测距系统、数据处理部分、通信接口及显示屏、键盘等组成。虽然各个测绘仪器厂家都推出不同型号的全站仪，但其结构基本一致，附图 2-1 是广州南方测绘科技股份有限公司生产的 NTS-360 系列型全站仪，该仪器的测角精度为 2″，测距精度为 2mm+2ppm。其主要部件及名称如附图 2-1 所示。

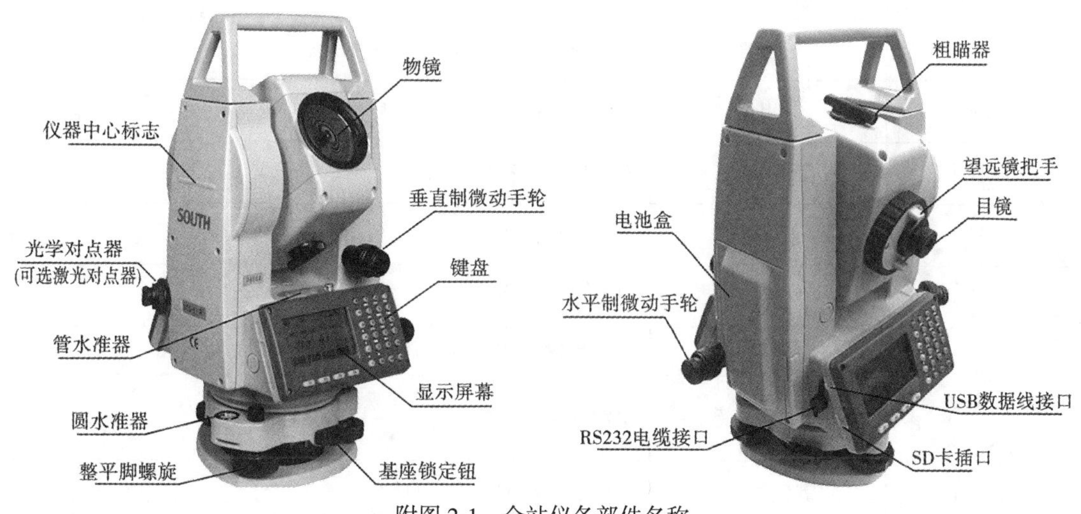

附图 2-1　全站仪各部件名称

2. 按键功能

在全站仪相对的两个方向均有显示屏和键盘，可以对全站仪进行输入、测量等功能操作，如附图 2-2 所示。

各按键功能如附表 2-1 所示。

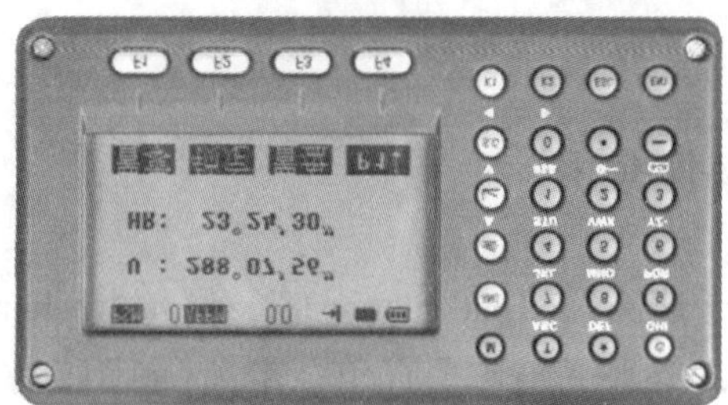

附图 2-2　全站仪显示屏及按键

附表 2-1　　　　　　　　　　　　**按键功能说明**

按键	名称	功　　能
ANG	角度测量键	进入角度测量模式
(距离测量图标)	距离测量键	进入距离测量模式
(坐标测量图标)	坐标测量键	进入坐标测量模式(▲上移键)
S. O	坐标放样键	进入坐标放样模式(▼下移键)
K1	快捷键 1	用户自定义快捷键 1(◀左移键)
K2	快捷键 2	用户自定义快捷键 2(▶右移键)
ESC	退出键	返回上一级状态或返回测量模式
ENT	回车键	对所做操作进行确认
M	菜单键	进入菜单模式
T	转换键	测距模式转换
★	星键	进入星键模式或直接开启背景光
(电源图标)	电源开关键	电源开关
F1—F4	软键(功能键)	对应于显示的软键信息
0—9	数字字母键盘	输入数字和字母
-	负号键	输入负号，开启电子气泡功能(适用 P 系列)
.	点号键	开启或关闭激光指向功能，输入小数点

3. 符号说明

在电子屏幕上所显示的符号代表不同的含义，各符号说明如附表 2-2 所示。

附表 2-2　　**电子显示符号说明**

显示符号	内　　容
V	垂直角
V%	垂直角(坡度显示)
HR	水平角(右角)
HL	水平角(左角)
HD	水平距离
VD	高差
SD	斜距
N	北向坐标
E	东向坐标
Z	高程
*	EDM(电子测距)正在进行
m/ft	米与英尺之间的转换
m	以米为单位
S/A	气象改正与棱镜常数设置
PSM	棱镜常数(以毫米为单位)
(A)PPM	大气改正值(A 为开启温度气压自动补偿功能，仅适用于 P 系列)

4. 功能键说明

在电子显示屏的正下方为 F1～F4 功能键，在不同的测量模式下，对应不同的功能，下面在“角度测量模式”“距离测量模式”“坐标测量模式”“星键模式”情况下分别对功能键进行说明。

1)角度测量模式

按下<ANG>按键可以进入角度测量模式，此测量模式下共有 3 个页面，各页面下 F1～F4 所对应的功能如附表 2-3 所示。

附表 2-3　　**角度测量模式下的功能键说明**

页数	软键	显示符号	功　　能
第 1 页(P1)	F1	置零	水平角置为 0°0′0″
	F2	锁定	水平角读数锁定
	F3	置盘	通过键盘输入设置水平角
	F4	P1↓	显示第 2 页软键功能

续表

页数	软键	显示符号	功　能
第 2 页（P2）	F1	倾斜	设置倾斜改正开或关，若选择开则显示倾斜改正
	F2		未定义
	F3	V%	垂直角显示格式(绝对值/坡度)的切换
	F4	P2↓	显示第 3 页软键功能
第 3 页（P3）	F1	R/L	水平角(右角/左角)模式之间的转换
	F2		未定义
	F3	竖角	高度角/天顶距的切换
	F4	P3↓	显示第 1 页软键功能

2)距离测量模式

按下[◢]按键可以进入距离测量模式，在此模式下，功能键对应有 2 个页面，各功能说明如附表 2-4 所示。

附表 2-4　**距离测量模式下的功能键说明**

页数	软键	显示符号	功　能
第 1 页（P1）	F1	测量	启动测量
	F2	模式	设置测距模式为单次精测/连续精测/连续跟踪
	F3	S/A	温度、气压、棱镜常数等设置
	F4	P1↓	显示第 2 页软键功能
第 2 页（P2）	F1	偏心	进入偏心测量模式
	F2	放样	距离放样模式
	F3	m/ft	单位米与英尺转换
	F4	P2↓	显示第 1 页软键功能

3)坐标测量模式

按[⟋]按键可以进入坐标测量模式，在此模式下，功能键有 3 个页面，其功能如附表 2-5 所示。

附表 2-5 坐标测量模式下的功能键说明

页数	软键	显示符号	功能
第 1 页（P1）	F1	测量	启动测量
	F2	模式	设置测距模式为单次精测/连续精测/连续跟踪
	F3	S/A	温度、气压、棱镜常数等设置
	F4	P1↓	显示第 2 页软键功能
第 2 页（P2）	F1	镜高	设置棱镜高度
	F2	仪高	设置仪器高度
	F3	测站	设置测站坐标
	F4	P2↓	显示第 3 页软键功能
第 3 页（P3）	F1	偏心	进入偏心测量模式
	F2		
	F3	m/ft	单位米与英尺转换
	F4	P3↓	显示第 1 页软键功能

4）星键模式

NTS-310B 系列全站仪按下星键后出现如附图 2-3 所示的界面。

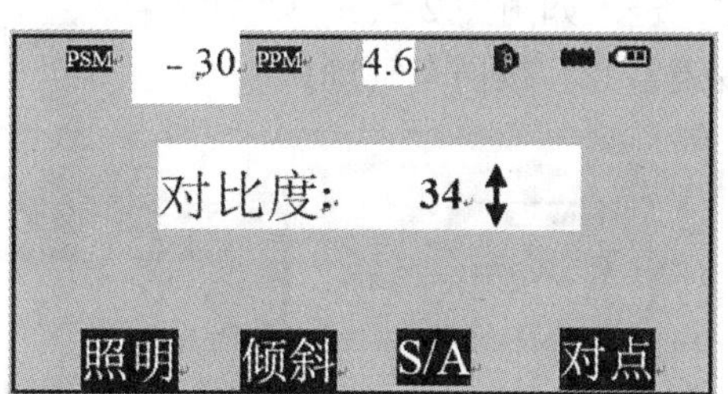

附图 2-3 NTS-310B 系列按下星键界面

（1）对比度调节：通过按▲或▼键，可以调节液晶显示对比度。

（2）照明：通过按 F1（照明）键开关背景光与望远镜照明，或按星键也能开关背景光与望远镜照明。

（3）倾斜：通过按 F2（倾斜）键，再按 F1 或 F2 键选择开关倾斜改正，然后按<ENT>键确认。

（4）S/A：通过按 F3（S/A）键，可以进入棱镜常数和温度气压设置界面。

（5）对点：如仪器带有激光对点功能，通过按 F4（对点）键，再按 F1 或 F2 键选择开关激光对点器。

注意：在有些系列全站仪的界面下，按下星键可以直接开启背景光。

NTS-310R 系列全站仪按下星键后出现如附图 2-4 所示的界面。

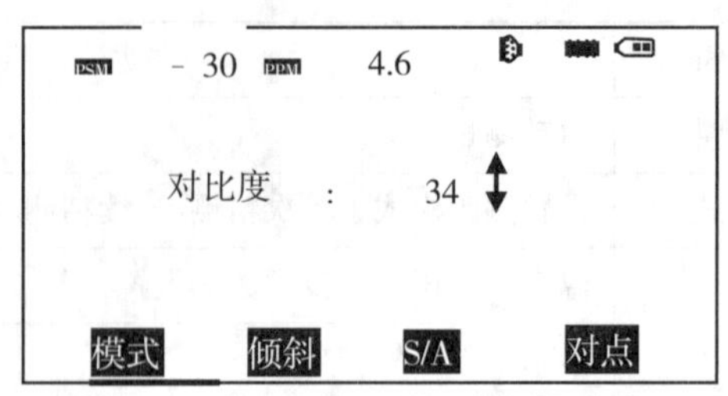

附图 2-4　NTS-310R 系列按下星键界面

(1)模式。通过按 F1(模式)键，显示以下界面。

有三种测量模式可选：按 F1 键选择合作目标是棱镜，按 F2 键选择合作目标是反射片，按 F3 键选择无合作目标。选择一种模式后按<ESC>键即回到上一界面。

(2)要在此界面下开关背景光，只需再按星键。

(3)其余操作与 NTS-310B 系列全站仪相同。

5. 反射棱镜常数设置

全站仪在出厂时都已设置了棱镜常数，该常数是与其配套的棱镜相对应的。如广州南方测绘科技股份有限公司生产的南方全站仪的棱镜常数的出厂设置为-30。若使用棱镜常数不是-30 的配套棱镜，则必须设置相应的棱镜常数，设置后关机，该常数仍被保存。南方全站仪的棱镜常数设置方法如下。

在距离或坐标测量模式下按 F3 键，屏幕显示如附图 2-5(a)所示。

选择 F1(棱镜)功能键，进入如附图 2-5(b)所示的界面。

按 F1 功能键，输入棱镜常数，按回车键确认。

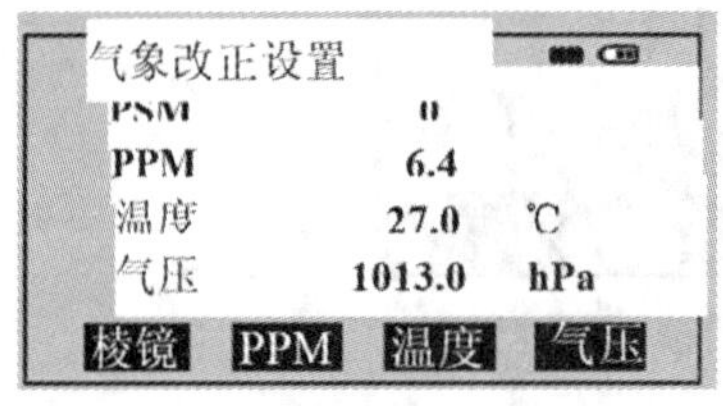

(a)进入棱镜常数设置界面

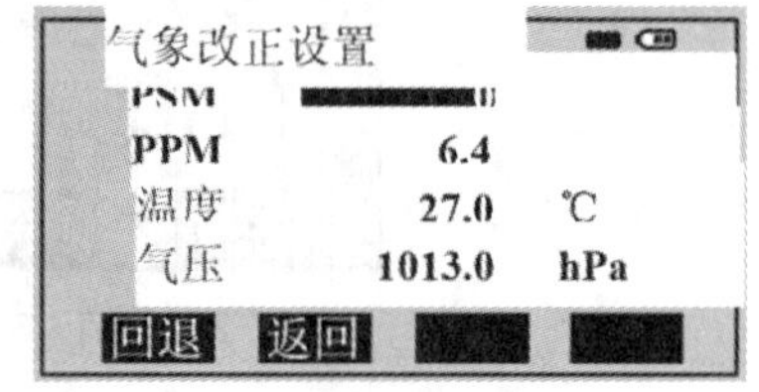

(b)输入棱镜常数

附图 2-5　棱镜常数设置

二、全站仪架设

全站仪架设主要包括对中和整平两步。对中就是使仪器水平度盘中心与测站点标志中心在同一条铅垂线上。整平是使仪器的竖轴竖直，并使水平度盘处于水平状态。根据仪器携带的对中器不同，安置全站仪可采用光学对中器对中或激光对中器对中。无论采用哪一种对中方法，操作步骤大致是相同的。

1. 放置三脚架和仪器

将三脚架三条腿上的紧固螺栓松开，根据个人身高将三条腿拉至适当的长度，将紧固螺栓拧紧；再将三条腿分开适当的角度稳定地架设在地面上，三脚架架好后应稳定不下沉，顶面大致水平且顶面中心与地面标志中心大致在同一铅垂线上。然后从仪器箱中取出全站仪安放在三脚架顶面头上，拧紧固定螺栓。

安置好之后，固定三脚架的两条腿，一手将另外一条腿前后左右摆动，一手扶住脚架顶部，眼睛同时注视圆水准气泡的移动，使其尽量往气泡中心移动。如果地面比较松软，则将三脚架三个角踩实，使仪器稳定，且使气泡尽量靠近中心。

2. 粗对中

固定三脚架一条腿，两手紧握另外两条腿并前后左右移动，同时眼睛观察光学对中器或激光对中器，使对中器或激光点对准测站标志中心，完成粗对中，亦可通过调节基座的三个脚螺旋进行小范围调整对中。此后三脚架三条腿在地面上应固定不动，否则将破坏粗对中。

3. 粗平

将三脚架腿上的紧固螺栓松开，依此升降三脚架腿，同时观察圆水准器气泡，使圆水准器气泡居中(操作时可降低气泡所在方向或升高气泡相对的方向)。

4. 精平

调节基座的三个脚螺旋使水准管气泡居中。首先让水准管平行于任意两个脚螺旋方向，调节该两个脚螺旋(相对或相向旋转，气泡移动方向与左手大拇指方向相同)，使水准管气泡居中；然后将仪器旋转90°，使水准管垂直于该两个脚螺旋方向，调节第三个脚螺旋，使水准管气泡居中。反复操作前面两步，直到在任何方向气泡都居中。

5. 检查对中

由于粗平和精平会导致仪器竖轴发生变化，进而导致“粗对中”被破坏，此时检查对中，若对中器十字丝或激光点已偏离标志中心，则稍松开(不要完全松开)三脚架顶面固定螺栓，在架头上平移(不可旋转)基座完成精确对中。然后再检查精平是否已被破坏，若已被破坏则再用脚螺旋完成精平。

反复进行第4步、第5步两步操作，直到对中和整平都满足要求。

三、水平角观测

水平角观测方法有测回法和方向法，其中方向法指多方向测回法。测回法每个测回包含盘左半测回和盘右半测回，两个半测回法的平均值即为一测回观测值，方向法与测回法相比多了归零的步骤。水平角观测值记录在水平角观测手簿中，遵循相关规定和流程，满足各项限差要求。

1. 竖直度盘与盘左盘右

使用全站仪测量之前需先确认竖直度盘的位置，如附图2-1所示，全站仪望远镜两侧支架中，明显有圆形结构的部分即为竖直度盘(图中左图)，另一侧则没有圆形结构一般装有电池(图中右图)。当竖直度盘位于观测方向左边时定义为盘左；反之，当竖直度盘位于观测方向右边时为盘右。

2. 瞄准

(1)粗略瞄准：使用望远镜上粗瞄器(附图2-1)进行粗略瞄准，然后拧紧制动螺旋将仪器制动(包括水平制动和垂直制动)。

(2)调焦并消除视差：在望远镜中寻找目标，如果望远镜视野不清晰，应首先调节物镜调焦螺旋至目标成像清晰，然后调节目镜调焦螺旋至十字丝清晰。调焦过程中注意眼睛要上下左右晃动检查是否存在视差，如有视差也应调节目镜调焦螺旋消除视差。调节目镜调焦螺旋的过程中可能会造成目标成像不清晰，也应时刻检查目标成像并调节物镜调焦螺旋。

(3)精确瞄准：经检查不存在视差后即可进行精确瞄准，调节水平和垂直微动螺旋让望远镜慢速微动，以十字丝切准目标。如果仅测量水平角或者竖直角，也可以竖丝或横丝切准目标。

3. 测回法观测水平角

如附图 2-6 所示，在测站点 O 处架设全站仪，完成对中和整平后，对两个目标 A、B 进行水平角观测。打开仪器后注意观察全站仪液晶屏显示的内容是否是角度测量模式，如果显示的不是角度模式，则需要按下<ANG>按键进入角度测量模式。

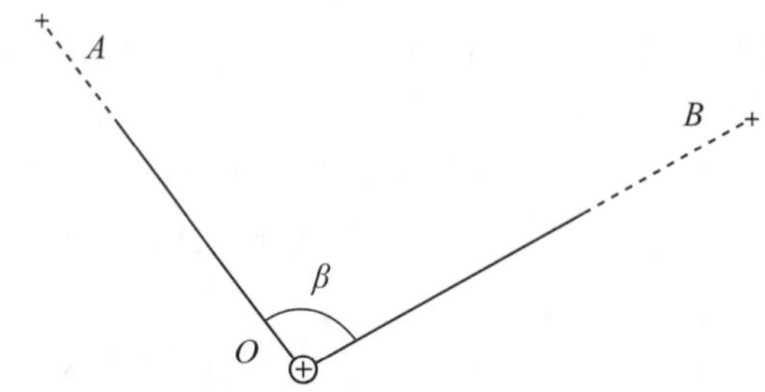

附图 2-6　测回法观测水平角

盘左观测：盘左位置(竖直度盘位于观测方向的左边)瞄准目标 A 稍偏左一点，并旋紧制动螺旋，将水平度盘置零，重新调节微动螺旋精确瞄准目标 A，记下水平度盘读数 $a_{左}$；松开制动螺旋，精确瞄准目标 B，记下水平度盘读数 $b_{左}$，计算盘左半测回(或上半测回)水平角：

$$\beta_{左} = b_{左} - a_{左}$$

盘右观测：松开望远镜制动螺旋并倒转过来，同时将仪器照准部旋转 180°(转换为盘右位置)，精确瞄准目标 B，记下水平度盘读数 $b_{右}$，松开照准部制动螺旋精确瞄准目标 A，记下水平度盘读数 $a_{右}$，计算盘右半测回(或下半测回)水平角：

$$\beta_{右} = b_{右} - a_{右}$$

进行第二个测回时，操作步骤与上述相同，只是在盘左位置瞄准 A 目标时，应配置度盘。

观测数据记录在附表 2-6 中，记录时应及时检查 $2c$(同一方向盘左、盘右读数之差 $2c$=盘左-盘右±180°)较差及测回间较差是否超过规定的限差。其中对于 2″级全站仪，$2c$ 较差(各方向之间 $2c$ 的差值)最大不应超过 13″，同一方向测回间较差不应超过 9″。

附表 2-6　　**水平角观测记录表**

仪器型号__________　　天　气__________　　日　期__________

测　　站__________　　观测者__________　　记录者__________

站点	读数		半测回方向	一测回平均	各测回平均	备注
	盘左	盘右				
第一测回	° ′ ″	° ′ ″	° ′ ″	° ′ ″	° ′ ″	
A	0 00 12	180 00 15	0 00 00	0 00 00	0 00 00	
B	126 16 45	306 16 50	126 16 33	126 16 34	126 16 36	
			35			
第二测回						
A	90 30 06	270 30 10	0 00 00	0 00 00		
B	216 46 42	36 46 50	126 16 36	126 16 38		
			40			

4. 方向法观测水平角

方向法即为多方向测回法，当观测方向数大于 3 时，宜采用方向法，观测过程中增加归零步骤。如附图 2-7 所示，在 *O* 点处设站架设全站仪，完成对中和整平后，选择 *A*、*B*、*C*、*D* 四个目标进行方向法观测水平角，以 *A* 方向为零方向。

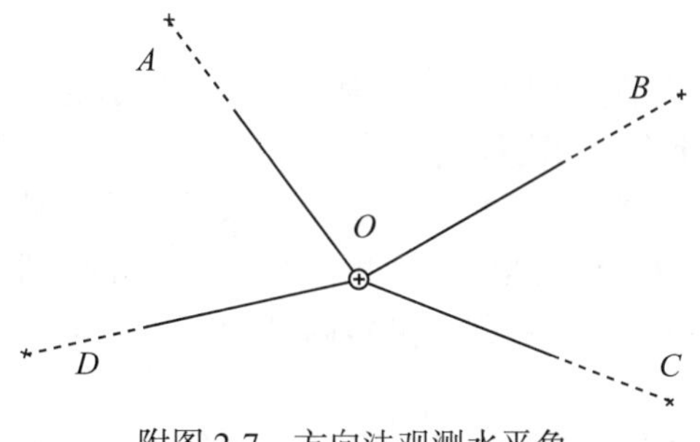

附图 2-7　方向法观测水平角

盘左观测：盘左位置瞄准目标 *A* 稍偏左一点，并旋紧制动螺旋，将水平度盘置零，重新用微动螺旋精确瞄准目标 *A*，记下水平度盘读数；松开照准部制动螺旋，顺时针依次精确瞄准 *B*、*C*、*D* 目标，分别记下水平度盘读数；最后再次瞄准 *A* 方向，读数并计算归零差(两次零方向读数之差)。如果归零差不超过限差，则计算零方向平均值，并计算各个目标盘左半测回(或上半测回)水平角。

盘右观测：松开望远镜制动螺旋并倒转过来，同时将仪器照准部旋转 180°(转换为盘右位置)，精确瞄准目标 A，记下水平度盘读数，然后逆时针依次精确瞄准 D、C、B 目标，记下水平度盘读数，最后再瞄准 A 目标，读数并计算归零差。如果归零差不超过限差，则计算零方向平均值，并计算各个目标盘右半测回(或下半测回)水平角。

将各方向的盘左半测回和盘右半测回角度值取平均，得到各方向一测回方向值。观测的各项限差如附表 2-7 所示。

附表 2-7　　**方向法观测限差**

仪器型号	半测回归零差(″)	一测回内 $2c$ 较差(″)	同一方向各测回较差(″)
DJ2	8	13	9
DJ6	18	—	24

四、竖直角、距离的观测

竖直角有天顶距和高度角两种，天顶距为观测方向在竖面内与天顶方向的夹角，其取值范围为 0~180°(天顶方向为 0°)，高度角则是观测方向在竖面内与水平方向的夹角，其取值范围为-90°~+90°(天顶方向为+90°)。

1. 确认竖直角的形式

进行竖直角观测之前首先须确认当前全站仪中竖直角的形式是“天顶距”还是“高度角”。将望远镜视线上倾，并观察竖直角读数的变化。如果视线上倾，竖盘读数减小，当视线旋转到正上方时，竖盘读数接近 0°，说明仪器显示的竖角是“天顶距”。如果视线上倾，竖盘读数增大，当视线旋转到正上方时，竖盘读数接近 90°，说明仪器显示的竖角是“高度角”。

2. 竖直角观测

在观测站点上对中、整平仪器时，首先确定全站仪显示的竖直角是“天顶距”还是“高度角”。竖直角一般用于计算三角高程，仪器高和目标高也是计算三角高程的参数，因此测竖直角时一般都需量测仪器高和目标高。其中，仪器高指由测站点顶面到仪器横轴(望远镜旋转轴，一般标示在望远镜支架上，如附图 2-1 所示的仪器中心标志)的垂直距离，目标高则是观测点到觇标的垂直距离，仪器高和目标高一般采用钢卷尺测量，读数至毫米。

竖直角观测和水平角观测一样，一个测回也需要用盘左、盘右观测，分别称为盘左半测回和盘右半测回。首先在盘左位置，依次瞄准各目标，用十字丝横丝相切目标，记下读数；然后倒转望远镜，并将仪器旋转 180°，在盘右位置瞄准各目标，同样用横丝相切同一位置，记下读数，两个半测回角取平均值作为一测回竖直角。观测时可以按逐点盘左、盘右观测的顺序，也可以先盘左观测多个点，再盘右观测相同的点。重复以上步骤完成第二测回，各测回竖直角取平均值作为最终角度值。记录表如附表 2-8 所示。

附表 2-8　　**竖直角观测记录表**

仪器型号＿＿＿＿＿＿　天　气＿＿＿＿＿＿　日　期＿＿＿＿＿＿

测　站＿＿＿＿＿＿　观测者＿＿＿＿＿＿　记录者＿＿＿＿＿＿

觇点	觇标高	读数		指标差（″）	一测回竖直角（° ′ ″）	各测回平均竖直角（° ′ ″）	备注
		盘左（° ′ ″）	盘右（° ′ ″）				
A	1.612	90 16 12	269 43 02	7	90 16 05	90 16 06	
B	1.585	88 49 51	271 10 19	5	88 49 46	88 49 45	
A	1.612	90 16 15	269 43 01	8	90 16 07		
B	1.585	88 49 48	271 10 20	4	88 49 44		

附表 2-8 中数据为对 *A*、*B* 两个目标观测两个测回的结果，其中，指标差需要实时计算并判断是否超限。附表 2-8 中记录的是天顶距观测结果，单竖直角为天顶距时，其指标差由(盘坐+盘右-360°)/2 计算得到，一测回竖直角则由盘左读数减去指标差计算得到。观测过程中，对于 2″级全站仪，其指标差较差(一组观测数据中最大指标差与最小指标差之间的差值)不应超过 13″。

3. 距离的观测

全站仪测距时可以用全反射棱镜，也可以用无棱镜模式。全反射棱镜方式必须要求在待测点处架设全反射棱镜，这样仪器才能获得足够的反射信号进行计算，以得出距离；无棱镜测距采用的测距信号是激光，测量较近的目标时，无需在目标点设置全反射的棱镜，经过物体的漫反射回全站仪的信号，已经足够强到仪器可以识别，并通过计算得出所测目标点的距离。测距之前应确认或设置棱镜常数，如果是全反射棱镜测距模式，棱镜常数一般为几十毫米，如 30mm，取决于所使用的棱镜，若使用无棱镜模式或者反射片模式，则该常数为 0。

全站仪的测距模式有精测模式、跟踪模式、粗测模式三种。精测模式是最常用的测距模式，测量时间约 2.5s，最小显示单位 1mm；跟踪模式，常用于跟踪移动目标或放样时连续测距，最小显示一般为 1cm，每次测距时间约 0.3s；粗测模式，测量时间约 0.7s，最小显示单位 1cm 或 1mm。在距离测量或坐标测量时，可按测距模式<MODE>键选择不同的测距模式。

设置好模式和参数后，瞄准棱镜中心，按测量键开始测量距离，测距完成后显示斜距、平距、高差等测量结果。其中，高差表示由 $h = D \cdot \cos\alpha + i - v$ 计算的结果，式中 D 为斜距，α 为天顶距，i 为仪器高，v 为目标高。如果已经输入仪器高和目标高，该高差表示测量点和目标点之间的高差；如果没有输入这两项，这两项的值皆为0，该高差表示仪器中心和测距中心点的高差。

五、坐标测量与数据采集

在支点、碎部测量过程中，通常会使用坐标测量的方法采集点的坐标，在全站仪上设置好测站点及定向点，可直接测量棱镜的三维坐标并存储在全站仪中，数据采集完成后将测量坐标文件导出，输入CASS等成图软件中使用。

坐标测量数据采集的基本流程是：选择“数据采集”菜单→输入文件名→设置测站点→设置后视点(即定向点)→瞄准定向点确认→开始测量坐标。不同的仪器使用时名称可能不同，但流程相同。

(1)选择“数据采集”菜单：按<MENU>键进入菜单，选择“数据采集”这一项。

(2)输入文件名：一般会自动产生一个以当前日期命名的文件名，可默认。

(3)设置测站点：可通过文件导入测站点坐标，也可直接输入测站点坐标，文件导入时按全站仪说明书上要求的坐标文件格式存储控制点坐标文件，然后导入(参见说明书)，设置测站点时仅需选择相应点号的控制点即可。直接输入时按要求编辑控制点坐标、仪器高等，可借用仪器里已有的控制点名修改其坐标。

(4)设置后视点：与设置测站点类似。

(5)瞄准定向点确认：前面只是输入了点的信息，到此需瞄准后视点，根据仪器型号及菜单实际情况点击“置零”或点击“测量”完成定向，完成定向后测量的后视点坐标应与输入的后视点坐标相同或接近，一般不应超过5cm。

(6)测量碎部点：以后每瞄准一个待测点，点击一次“测量”，按提示依次确认并存储。

坐标测量数据采集完成后，仪器中一般存储了两套数据，测量的原始数据(角度、距离、仪器高、目标高等)存储在测量文件中，坐标数据存储在坐标文件中，将坐标文件导出。测量文件及坐标文件一般都是文本文件，文件扩展名由仪器厂家定义。

六、全站仪的检验与校正

1. 全站仪的主要轴线及满足的条件

如附图2-8所示，全站仪的主要轴线有：仪器旋转轴 VV_1(简称竖轴)、望远镜的旋转轴 HH_1(简称横轴)、望远镜的视准轴 CC_1 和照准部水准管轴 LL_1，以及望远镜中的十字横丝、十字竖丝。

这些轴线需要满足的条件有：

(1)照准部水准管轴应垂直于竖轴；

(2)圆水准器轴平行于竖轴；

(3)视准轴应垂直于横轴；

(4)横轴应垂直于竖轴；

(5)由于观测水平角时常用竖丝瞄准目标，所以要求竖丝垂直于横轴；

(6)竖盘指标差要在一定范围内。

为检验以上条件是否满足，要对全站仪进行检验，必要时做一定的校正。

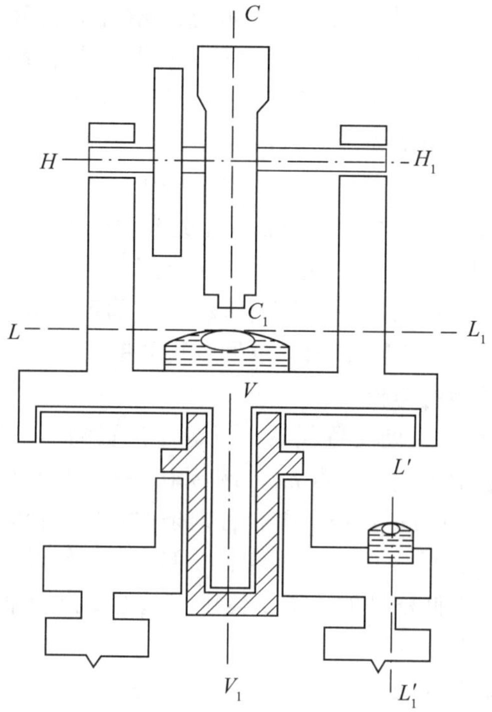

附图 2-8 全站仪主要轴线

2. 照准部水准管轴垂直于竖轴的检验与校正

(1)检验：先将仪器大致整平，转动照准部使其水准管与任意两个脚螺旋的连线平行，调整脚螺旋使气泡居中，然后将照准部旋转 180°。若气泡仍然居中，则说明条件满足，否则应进行校正。

(2)校正：校正的目的是使水准管轴垂直于竖轴。即用校正针拨动水准管一端的校正螺钉，使气泡向正中间位置退回一半。为使竖轴竖直，再用脚螺旋使气泡居中即可。此项检验与校正必须反复进行，直到满足条件为止。

3. 圆水准器轴平行于竖轴的检验与校正

(1)检验：由于照准部水准管的精度高于圆水准器，校正好水准管后，使用水准管精确整平，整平后如果圆水准器气泡居中，则表明圆水准器轴平行于竖轴，否则表明二者不平行。如偏差较大，则需要校正。

(2)校正：校正的目的是使圆水准器轴平行于竖轴。精确整平后，竖轴已经竖直，此时只需用校正针拨动圆水准器的校正螺钉，使气泡居中即可。

4. 十字竖丝垂直于横轴的检验与校正

(1)检验：用十字丝竖丝瞄准白色墙面上一清晰小点，使望远镜绕横轴上下转动。如果小点始终在竖丝上移动，则条件满足，否则需要进行校正。

(2)校正：松开四个压环螺钉(装有十字丝环的目镜用压环和四个压环螺钉与望远镜

筒相连接)，转动目镜筒使小点始终在十字丝竖丝上移动，校好后将压环螺钉旋紧。

5. 视准轴垂直于横轴的检验与校正

(1)检验：视准轴不垂直于横轴时对水平角的影响(用 c 表示)，主要通过对同一目标盘左、盘右观测计算得到。检验的方法为：在距离仪器一定距离的位置选择大致水平(高度角在 3°以内)的某一个目标 A。用水准管精平仪器，分别用盘左、盘右对其进行观测，它们的读数差(顾及常数 180°)即为 2 倍的 c 值：

$$2c = L' - R' \pm 180$$

(2)校正：全站仪 c 值的校正由仪器内置程序完成。精确整平仪器，开机后按<MENU>键进入主菜单，按 F4 键进入下一页，选择“[1]校正”→选择“[2]视差校正”启动视差校正程序：第一步，盘左位置精确瞄准一目标，按 F4 键确定；第二步，盘右位置精确瞄准同一目标，按 F4 键确认→校正完成，自动返回校正菜单。

6. 横轴垂直于竖轴的检验与校正

(1)检验：选择较高墙壁近处安置仪器。以盘左位置瞄准墙壁高处一点 P(仰角最好大于 30°)，放平望远镜在墙上定出一点 m_1。倒转望远镜，盘右再瞄准 P 点，再放平望远镜在墙上定出另一点 m_2。如果 m_1 与 m_2 重合，则条件满足，否则需要校正。

(2)校正：瞄准 m_1、m_2 的中点 m，固定照准部，向上转动望远镜，此时十字丝交点将不再对准 P 点。抬高或降低横轴的一端，使十字丝的交点对准 P 点。此项检验也要反复进行，直到条件满足为止。

7. 竖盘指标差的检验与校正

(1)检验：选定远近适中、轮廓分明、影像清晰、成像稳定的固定目标。盘左、盘右分别照准该目标，在竖盘指标管水准气泡严格居中(或自动归零补偿器处于工作状态)的情况下，分别读取盘左竖盘读数 L 和盘右竖盘读数 R，计算竖盘指标差 $x=(L+R-360°)/2$。如果 x 超过限差要求，应予校正。

(2)校正：全站仪可由仪器内置程序完成竖盘指标差的校正，不同型号的仪器的具体操作步骤有所区别。一般首先打开指标差校正功能，先盘左瞄准一清晰目标，然后倒转望远镜，盘右位置瞄准同一目标，确定后，仪器可自动计算指标差，并进行校正。

8. 光学对中器的检验与校正

(1)检验。

第一步，选择平坦位置放置一平板，平板上标注一 A 点，在平板上方安置全站仪(仪器架设高度约 1.3m)并对中整平，全站仪的分划板中心与 A 点重合(附图 2-9)。绕竖轴旋转光学对中器 180°，若分划板中心与另一点 B 重合，做第一次校正，使分划板中心与 AB 之中点重合，再进行下一步检验；若分划板中心仍与 A 点重合，则可进行下一步检验。

第二步，改变 A 点距光学对中器的距离(例如将平板向上移动，由 1.3m 缩短为 1.0m)，按照第一步重新检验。若光学对中器旋转 180°之后，分划板中心仍与 A'重合，则表明条件已经满足；若分划板中心并不与 A'重合而与 B'重合，则应校正，使分划板中心与 $A'B'$之中点重合。

上述检验和校正工作需反复进行，直到满足要求为止。

(2)校正。打开光学对中器望远镜目镜端的护罩，可以看见四颗校正螺丝，利用校正针旋转四颗校正螺丝，使分划板中心与 AB 或 $A'B'$ 中心重合。

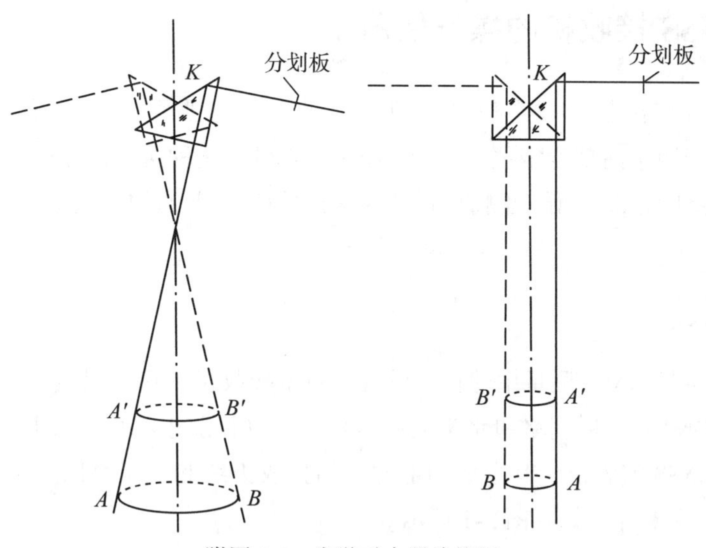

附图 2-9　光学对中器检校图

附录 3　GNSS 接收机的操作使用

GNSS 接收机是接收全球定位系统卫星信号并确定地面空间位置的仪器。这里的 GNSS 接收机特指用于高精度定位测量型 GNSS 接收机，这种接收机除可直接进行定位外，还能接收记录各种 GNSS 原始观测值用于后续处理使用，普通的导航型接收机一般不具备这些功能。

一、GNSS 接收机

GNSS 接收机是 GNSS 测量中的核心设备，新型接收机不仅可以接收 GNSS 卫星信号，还可以接收 GLONASS、伽利略和北斗卫星信号，所以目前也将可以接收多种卫星信号的接收机统称为 GNSS 接收机。其主要的部件包括接收天线和主机，以及辅助设备如电池、基座、电缆线、手簿等，如附图 3-1 所示。

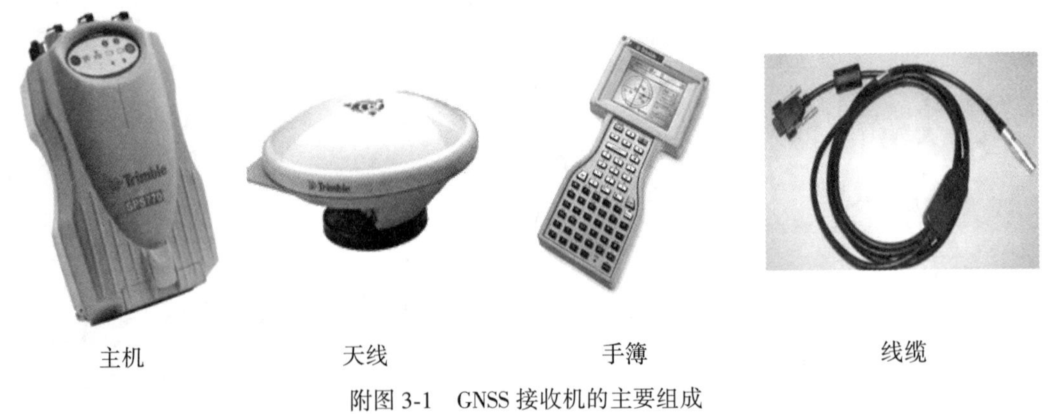

主机　　天线　　手簿　　线缆

附图 3-1　GNSS 接收机的主要组成

天线的作用主要是接收来自卫星发射的电磁波信号，并将信号中的能量转换为电流，由于卫星信号非常微弱，所以需要通过前置放大器将电流放大后进入接收机主机。

接收机主机通常由接收通道、存储器、微处理器、输入输出设备及电源等组成。

接收通道是用来跟踪、处理、量测卫星信号的部件，由无线电元器件、数字电路等硬件和专用软件组成，一个通道在一个时刻只能跟踪一颗卫星某一频率的信号。目前的测量型接收机一般都由多个通道组成，可同时跟踪、锁定多颗卫星。

存储器主要用于记录卫星观测值(伪距和载波相位)和导航电文数据，接收机都有一定的内存空间，也可以采用附加闪存卡对其存储空间进行扩充。

微处理器的主要作用是实时处理接收到的卫星数据，得到观测时刻用户端的三维坐标、三维运动速度、接收机的钟差改正值及其他导航信息，也能对接收机的各个部件进行管理、控制和检核。

输入设备可以采用按键、手簿或连接电脑，用户主要用于输入各种命令，设置观测参数(卫星截止高度角、采样间隔、位置更新间隔等)，记录必要的观测资料如仪器高、气象元素等。输出设备可为电子显示屏、指示灯、语音等，让用户了解当前接收机的工作状态(静态、基准站、移动站)、设置参数(采样频率、通道、内存剩余等)、观测的卫星情况(卫星个数、各卫星高度角、方位角等)、当前的位置、速度等信息。

电源一般由接收机厂家配备的专用电池为接收机供电，如需要长期连续观测，可对一般交流电整流后使用。

二、南方灵锐S82接收机的使用

S82是广州南方测绘科技股份有限公司推出的一款三防测量系统，可接收GNSS、GLONASS及北斗卫星信号。S82内置了收发一体的电台，在RTK作业过程中可用于接收机之间数据传输，手簿与主机可采用蓝牙连接，小范围可实现全无线作业。S82携带有4G固态闪存卡，语音提示向导，多指示灯面板设计，精确显示状态，在开机状态下可轻松切换工作模式，使用方便。

1. S82主要部件

S82为一体式GNSS接收机，主机和天线设计为一个整体，附图3-2为接收机主机(包含天线)。整套S82测量系统的完整部件包括：主机、UHF天线和网络天线、730手簿、手簿充电器、手簿电池、通信电缆、主机充电器、主机电池2块、基座、对中杆、手簿托架、多用途电缆线、电台、发射天线，如附图3-3所示。

附图3-2 S82接收机

主机主要用于接收GNSS卫星信号，实时处理、显示当前状态等；UHF天线和网络天线用于RTK测量时移动站与基准站之间的无线电信号传输和接收；手簿用于和主机连接，设置观测参数，安装RTK软件并实时解算得到实时坐标等；基座用于安置主机，完成对中、整平。

2. 指示灯介绍

S82型接收机没有显示屏，工作状态依靠指示灯指示。指示的内容主要包括工作模式(包括静态测量、动态测量的基准站、动态测量的移动站)、数据传输方式、开机状态、卫星状态等信息。在主机的正面共有 12 颗指示灯和两个按键(F 功能键、电源键)，如附图 3-4 所示。

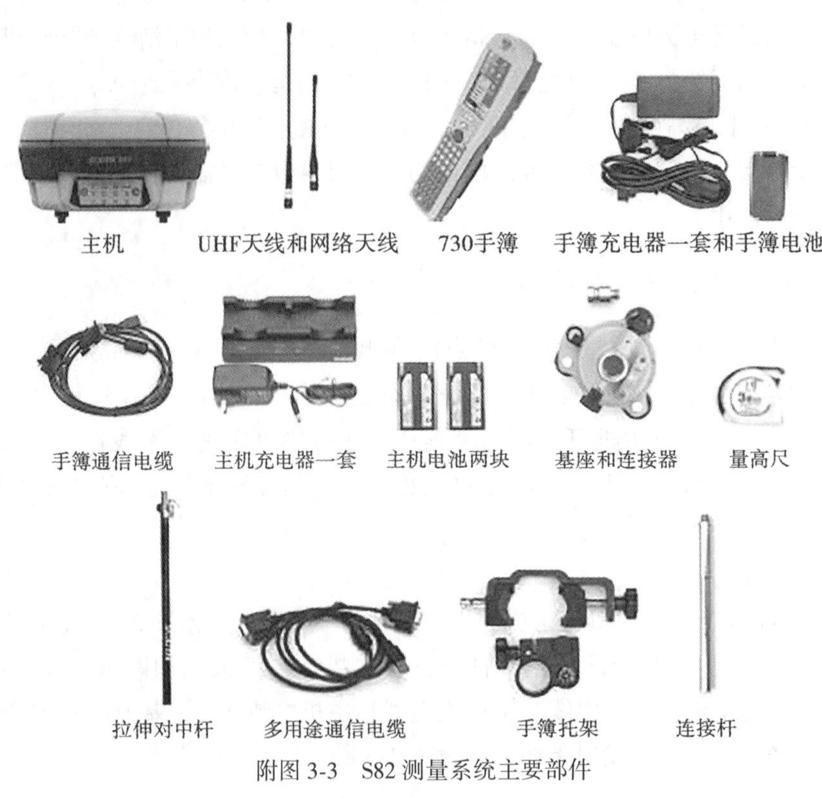

附图 3-3　S82 测量系统主要部件

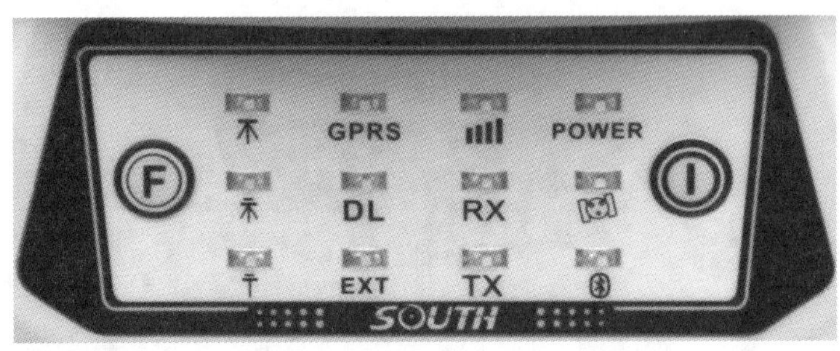

附图 3-4　S82 主机指示灯和按键

各指示灯的含义如附表 3-1 所示。

工作模式指示灯三盏亮一，指示当前是静态测量模式、动态测量的基准站模式、动态测量的移动站模式中的哪一种。当采用动态测量模式(包括基准站模式和移动站模式)时，数据链指示灯将三盏亮一，指示采用哪种数据链。其他各指示灯状态的含义如附表 3-2 所示。

附表 3-1　　**S82 指示灯说明**

	工作模式	数据链	连接状态	其他指示	
功能键 F	静态	网络	信号/数据	电源	电源键 I
	基准站	电台	数据接收	卫星	
	移动站	外挂	数据发送	蓝牙	

附表 3-2　　**S82 指示灯含义**

POWER(红色)	常亮	正常电压：内置电池 7.4V 以上
	闪烁	电池电量不足
卫星(红色)	闪烁	表示锁定卫星数量，每隔 5s 循环一次
蓝牙(红色)	常灭	未连接手簿
	常亮	已连接手簿
信号/数据(绿色)	闪烁	静态模式：记录数据时，按照设定采集间隔闪烁
	常亮	基准或移动模式：内置模块收到信号的强度较高
	闪烁	基准或移动模式：内置模块收到信号的强度较差
	常灭	基准或移动模式：内置模块未能收到信号
GPRS(绿色)	常亮	基准或移动模式：网络模块已经成功登录服务器
	闪烁	基准或移动模式：网络模块正在登录服务器

3. 按键操作

每个按键或按键组合，以及按键按下的时间长短都对应不同的功能，附表 3-3 给出了各按键的基本操作。

附表 3-3　　**S82 按键功能**

功能	按键操作	内　　容
工作模式	同时按住〈功能〉键和〈电源〉键	听到滴滴的响声，并且 12 个指示灯同时闪烁，然后松开按键，再单击〈功能〉键选择“移动站”“基准站”“静态”工作模式，选定后单击〈电源〉键确定

续表

功能	按键操作	内　容
数据链	长按〈功能〉键	绿灯闪烁后，可以进行设置“外挂”“电台”“网络”数据链，选定后单击〈电源〉键确定
主机自检	长按〈电源〉键	2~5s 关机(三声关机)，10s 后进入自检(快速鸣响)，并且部分参数将恢复出厂设置
关机	长按〈电源〉键	主机连续叫三声，电源指示灯熄灭

4. 接口介绍

主机的接口主要位于底部，如附图 3-5 所示。

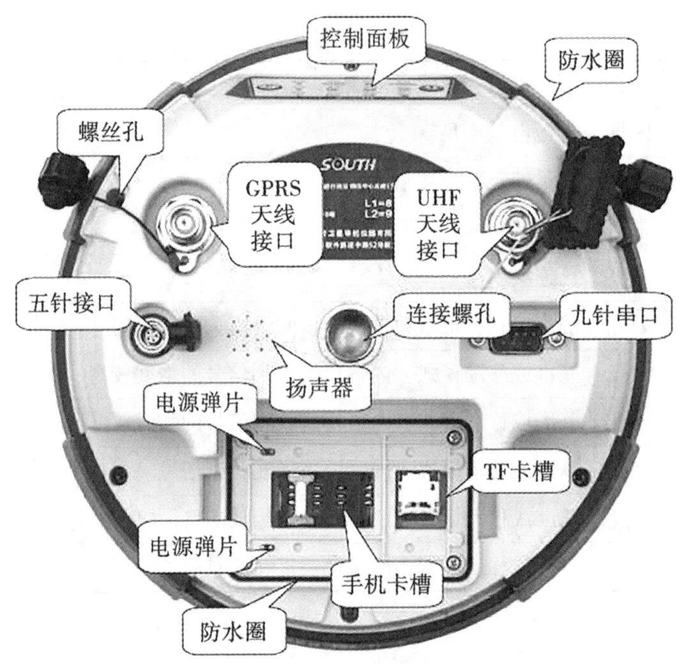

附图 3-5　主机底部接口

各接口说明如下。

五针接口：主机用于与外部数据链连接，外部电源连接。

九针串口：用来连接电脑传输数据，或者用手簿连接。

GPRS 接口：安装 GPRS(GSM/CDMA/3G 可选配)网络天线。

UHF 接口：安装 UHF 电台天线。

连接螺孔：用于固定主机于基座或对中杆。

手机卡槽：在使用 GSM/CDMA/3G 等网络时，安放手机卡。

TF 卡槽：用于扩展主机内存，使用 Micro SD 卡。

防水圈：防止水及其他液体粉尘进入。

电池槽：用于安放锂电池。

弹簧按钮：用于取出电池仓盖。

5. 手簿与主机连接

将主机打开，然后对手簿做如下操作。

(1)“开始”→“设置”→“控制面板”，在控制面板窗口中双击“Bluetooth 设备属性”，如附图 3-6 所示。在“蓝牙设备管理器”窗口中选择“设置”，选择“启用蓝牙”；然后在“蓝牙设备”页面下点击“扫描设备”，开始进行蓝牙设备扫描。如果在附近(小于 12m 的范围内)有可被连接蓝牙设备，在“蓝牙管理器”对话框将显示搜索结果。

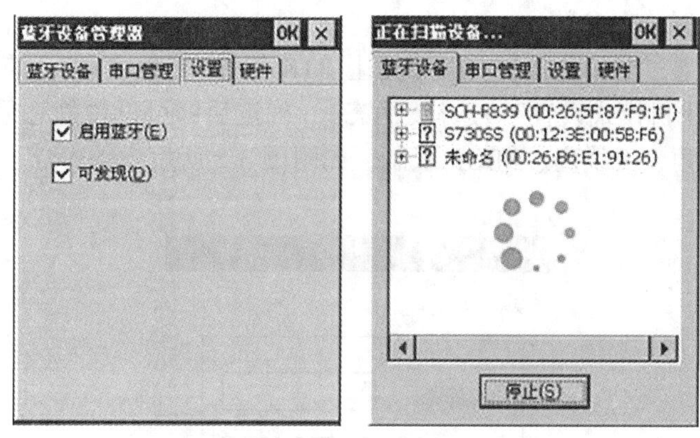

附图 3-6　启用蓝牙并扫描设备

(2)在扫描到的设备中选择“S82…”数据项，点击“+”按钮，弹出“串口服务”选项，双击“串口服务”，在弹出的对话框里选择串口号，一般是从 1~8 中，任选一个，如附图 3-7 所示。

附图 3-7　连接蓝牙串口

(3)打开工程之星软件，进入工程之星主界面，点击“配置”→“端口设置”，在“端口配置”对话框中，端口选择“COM1”，与之前连接蓝牙串口服务里面的串口号相同，点击

“确定”。如果连接成功，状态栏中将显示相关数据。如果连不通，退出工程之星，重新连接(如果以上设置都正确，此时直接连接即可)。

6. 静态观测设置

S82 提供三种不同的工作模式，分别为静态模式、基准站模式、移动站模式。静态模式主要用于高等级 GNSS 控制网的布设，将接收机安置于某一固定点上，按一定采样间隔进行一段时间的观测。基准站模式和移动站模式主要用于 GNSS RTK，如地形测量、施工放样等。

第一次静态观测时需要设置卫星截止高度角和采样间隔，在以后的观测中即可开机观测。S82 接收机静态观测参数设置无法直接在控制面板上操作，设置方法需通过手簿或将主机连接电脑。

1)通过手簿设置静态参数

将手簿和主机通过蓝牙连接，打开手簿上 RTK 软件“工程之星”，点击主界面“配置”→“仪器设置”→“主机模式设置”→选择“静态”。确定后即可设置静态采集参数，包括采样间隔、卫星截止角、天线高、PDOP 限制，如附图 3-8 所示。

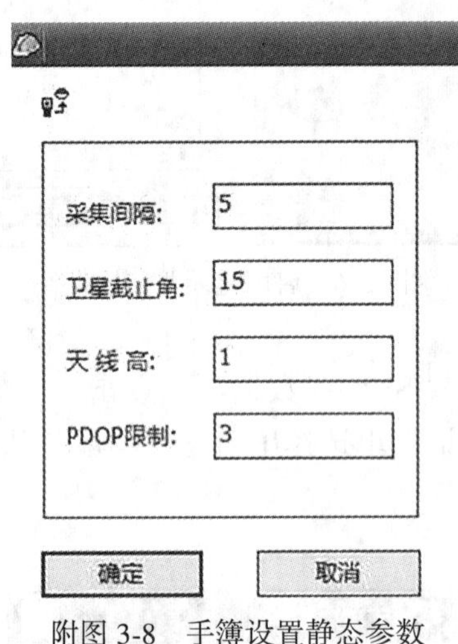

附图 3-8　手簿设置静态参数

2)通过电脑设置静态参数

将多用途电缆线一端连接主机九针串口，另一端通过 USB 连接电脑，此时，接收机以移动硬盘形式显示在电脑上，打开后可以看到配置文件“参数设置”，打开后修改其中的截止角、采样间隔。如附图 3-9 所示，参数设置好之后点击“保存”，此时参数被成功写入主机，开机即可生效。

7. 静态测量操作流程

静态测量模式下的操作比较简单，操作流程如下。

(1)通过连接头将接收机主机、测高片连接起来，并固定于基座之上，然后进行对中、整平。

(2)通过测高片量测仪器高。

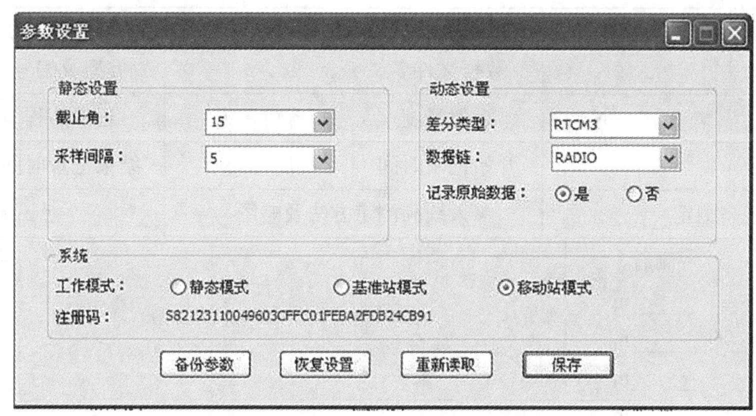

附图 3-9　连接电脑设置静态参数

(3)开机，并选择静态模式开始观测，第一次静态观测时需要设置卫星截止角和采样间隔。

(4)关机停止观测。

(5)记录开、关机时间，仪器号、点号、天线高等。

三、GNSS 控制网测量

等级 GNSS 控制网常采用多台 GNSS 接收机同步观测多个时段，实现 GNSS 测量外业数据采集，然后使用 GNSS 解算软件将观测数据按 GNSS 网进行统一处理，得到 GNSS 控制网测量结果。如果控制网中有一个或多个已知点，则为约束网，如果没有已知数据，则称之为自由网。

1. 制订观测计划

根据平均时段和同步观测的 GNSS 接收机的数量设计好 GNSS 控制网(如图 3-1 所示的 GNSS 控制网)后，控制网图中的每一个环可看作一个同步观测环。图 3-1 所示的 GNSS 控制网包含 4 个同步观测环，根据同步环制订观测计划，观测计划中计划了每台接收机在每个观测时段在哪个点进行观测。

2. 外业观测

依照观测计划，每台接收机在每个观测时段架设在计划的控制点上，每个同步环按设计的观测参数进行同步观测并记录。GNSS 的外业观测手簿如附表 3-4 所示。

附表 3-4　　**GNSS 观测记录手簿**

点号		点名		图幅编号	
观测记录员		观测日期		时段号	
接收机型号及编号		天线类型及编号		存储介质类型及编号	

续表

<table>
<tr><td>原始观测数据文件名</td><td></td><td>RINEX 格式数据文件名</td><td></td><td>备份存储介质类型及编号</td><td></td></tr>
<tr><td>近似纬度</td><td>°　′　″N</td><td>近似经度</td><td>°　′　″E</td><td>近似高程</td><td>m</td></tr>
<tr><td>采样间隔</td><td></td><td>开始记录时间</td><td>h　min</td><td>结束记录时间</td><td>h　min</td></tr>
<tr><td colspan="2">天线高测定</td><td colspan="2">天线高测定方法及略图</td><td colspan="2">点位略图</td></tr>
<tr><td colspan="2">测前：　　　测后：
测定值______　______m
修正值______　______m
天线高______　______m
平均值______　______m</td><td colspan="2"></td><td colspan="2"></td></tr>
<tr><td colspan="2">时间(UTC)</td><td colspan="2">跟踪卫星</td><td colspan="2">PDOP</td></tr>
<tr><td colspan="2"></td><td colspan="2"></td><td colspan="2"></td></tr>
<tr><td colspan="2"></td><td colspan="2"></td><td colspan="2"></td></tr>
<tr><td colspan="2"></td><td colspan="2"></td><td colspan="2"></td></tr>
<tr><td colspan="2"></td><td colspan="2"></td><td colspan="2"></td></tr>
<tr><td colspan="2"></td><td colspan="2"></td><td colspan="2"></td></tr>
<tr><td>记事</td><td colspan="5"></td></tr>
</table>

填表说明：

(1)时段号按调度指令安排的编号填写；观测时间写年、月、日。

(2)接收机型号及编号、天线类型及编号均填写全名，主机及天线编号从主机和天线标牌上查取。

(3)近似经纬度填至1″，近似高程填写至10m。

(4)点位略图按点附近地形地物绘制，应有3个标定点位的地物点，比例尺大小视点位的具体情况确定，点位环境发生变化后，应注明新增障碍物的性质，如树木、建筑物等。

(5)“记事”一栏中记载天气状况，按晴、多云、阴、小雨、中雨、大雨、小雪、中雪、风力、风向逐一填写，同时记录云量及分布；记载是否进行了偏心观测，以及其他重要问题及处理情况等。

四、GNSS RTK 测量

RTK(Real Time Kinematic)指利用 GNSS 载波相位观测值进行实时动态相对定位的技术，通常由基准站、移动站、数据链组成。

1. RTK 测量原理

RTK 测量原理是将位于基准站上的 GNSS 接收机观测的卫星数据，通过数据通信链(如无线电台等)实时发送出去，而位于附近的移动站 GNSS 接收机在对卫星观测的同时，也接收来自基准站的电台信号，通过对所收到的信号进行实时处理，给出移动站的三维坐标，并估计其精度。

利用RTK测量时，至少配备两台GNSS接收机，一台固定安放在基准站上，另外一台作为移动站进行点位测量。在两台接收机之间还需要数据通信链，实时将基准站上的观测数据发送给移动站。对移动站接收到的数据(卫星信号和基准站的信号)进行实时处理还需要RTK软件，其主要完成双差模糊度的求解、基线向量的解算、坐标的转换。

RTK技术可以在很短的时间内获得厘米级的定位精度，广泛应用于图根控制测量、施工放样、工程测量及地形测量等领域。但RTK也有一些缺点，主要表现在需要架设本地基准站，误差随移动站到基准站距离的增加而变大。

2. 作业步骤

RTK的作业步骤一般包括如下六项。

(1)选择合适的位置架设基准站。如果使用外挂电台，将电台和主机、电台电源、电台和发射天线连接好，并对基准站进行参数设置。RTK测量时会受到基准站、移动站观测卫星信号质量的影响，同时也受到两者之间无线电信号传播质量的影响，移动站由作业时观测点位确定，所以基准站的选择非常重要，一般要求视野开阔，对空通视良好，周围200m范围内不能有强电磁波干扰，高度角15°以上不能有成片障碍物。

(2)对移动站进行对应参数的设置。

(3)利用RTK软件建立作业工程。

(4)坐标系转换，利用测区内已知点，将GNSS接收机之间测量的坐标转换到工程作业需要的坐标系统中。

(5)进行点位测量、放样等作业。

(6)成果的输出，将测量或放样的点位坐标导出。

3. 南方灵锐S82 RTK操作

1)基准站的设置

第一次启动基准站时，需要设置启动参数，以后作业时的参数如果没有变化，则不需要再次设置。设置步骤如下。

(1)使用手簿上的工程之星连接主机(参考手簿和主机连接)。

(2)点击“配置”→“仪器设置”→“基准站设置”(主机必须是基准站模式，如果为其他模式，则需要从“配置”→“主机模式设置”中把主机设置为基准站模式)，出现如附图3-10所示的界面，在此界面下对基站参数进行设置。一般的基站参数设置只需设置差分格式就可以，其他使用默认参数。设置完成后点击附图3-10右边的图标，基站就设置完成了。保存好设置参数后，点击“启动基站”(一般来说基站都是任意架设的，发射坐标不需要自己输入)。

“基站参数”中的差分格式是指基站以什么差分格式来发射，主要有RTCA、RTCM、CMR以及RTCM30四种，在此处选用的差分格式，移动站中必须选用相同的差分格式(天宝接收机的主机除外，天宝接收机的主机主板可以自行区分差分格式，所以就不需要对移动站的差分格式进行设置，但天宝接收机的主机不支持RTCA的差分格式，因此用天宝接收机的移动站时，基站不能选用RTCA的差分格式)。

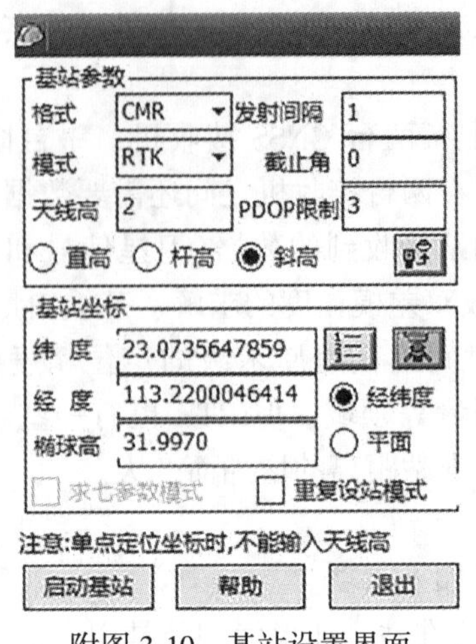

附图 3-10　基站设置界面

(3)设置电台通道，如果是外挂电台，则在电台的面板上对电台通道进行设置。设置电台通道，共有 8 个频道可供选择。设置电台功率，作业距离不太远，干扰低时，选择低功率发射即可，电台成功发射后，其 TX 指示灯会按发射间隔闪烁。

如果选用内置电台，需要将主机和电脑连接后设置，此项设置可对主机电台频道的切换和对 1~8 频道的频率进行修改，南方接收机的电台频率是 450~470MHz，频率间隔为 0. 5MHz，因此每隔 0. 5MHz 可设置一个，避免被其他使用者干扰。

设置过程如下。

(1)使用串口线将主机与电脑连接，主机处于开机状态(不需要对主机进行特殊设置，主机开机即可)。

(2)点击“电台设置”将其打开(附图 3-11)，选择正确的串口，波特率 115200，再点击“打开”即可。在“程序信息”栏中将显示连接信息，提示连接成功或者失败。

(3)在设置界面可直接进行修改，频道号可通过下拉菜单选择(1~8 任意选择)，选择好后再点击“切换”即可。

(4)如果需要对各频道号对应的频率进行更改，可在相应的频道号后进行更改(频率是 450~470MHz，间隔为 0. 5MHz)，更改时注意不能超过这个范围，否则更改将失败。

(5)更改好后，点击“设置频率”按钮即可，并在信息栏中有相应提示。

(6)如果想恢复主机出厂默认的频率，点击“默认频率”按钮就可恢复到出厂的频率。

2)移动站的设置

确认基准站发射成功后，即可开始移动站的架设。步骤如下。

(1)打开移动站主机，并将其固定在碳纤对中杆上面，拧上 UHF 差分天线，安装好手簿托架和手簿。

(2)将手簿和主机连接，并将接收机设置为移动站电台模式(从“配置”→“主机模式设置”中设置)。

(3)点击“配置”→“仪器设置”→“移动站设置”。对移动站参数进行设置，一般只需要设置差分格式，选择与基准站一致的差分格式即可，确定后回到主界面。

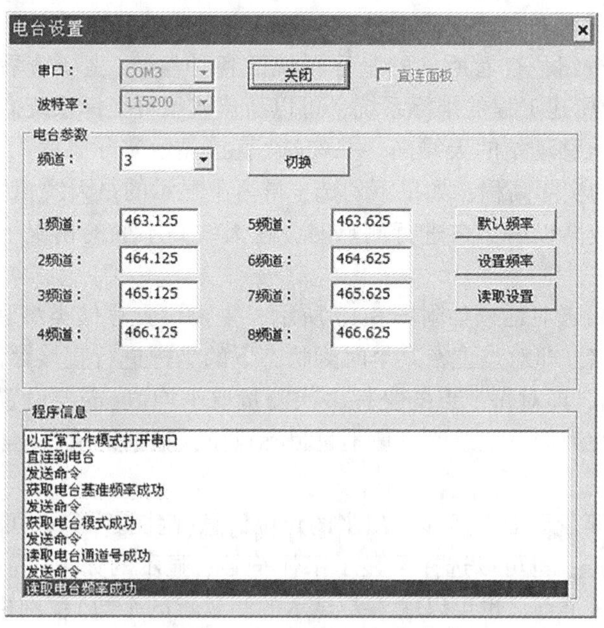

附图 3-11　内置电台设置

(4)通道设置：点击“配置”→“仪器设置”→“电台通道设置”，将电台通道切换为与基准站电台一致的通道号，设置完后，等待移动站达到固定解，即可在手簿上看到高精度的坐标。

3)建立作业工程

在工程之星主界面点击“工程”→“新建工程”，出现新建作业的界面，如附图 3-12 所示。首先在工程名称里面输入所要建立工程的名称，新建的工程将保存在默认的作业路径“\ 我的设备 \ EGJobs \ ”中，然后单击“确定”，进入参数设置向导，如附图 3-12 所示。

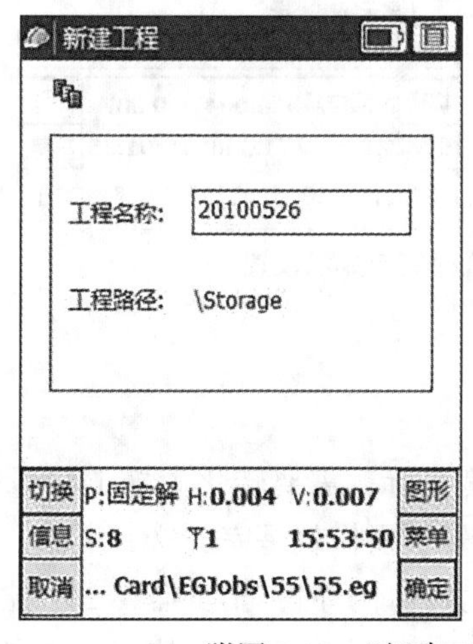

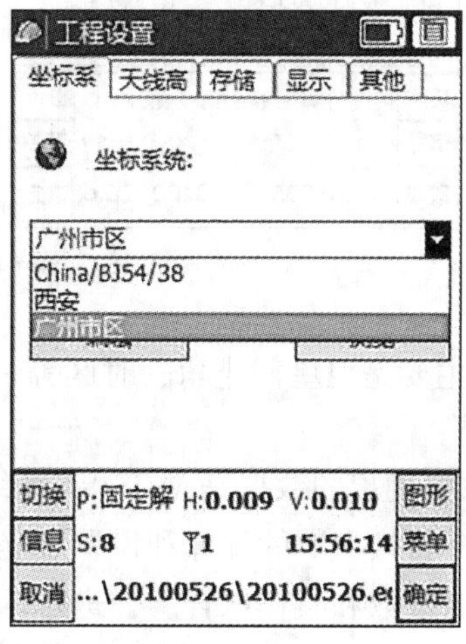

附图 3-12　“新建工程”与“工程设置”界面

在“工程设置”界面的顶部有以下 5 个菜单(附图3-12)。

“坐标系”：坐标系下有下拉选项框，可以在选项框中选择合适的坐标系统，也可以点击下边的“浏览”按钮，查看所选的坐标系统的各种参数(主要查看中央子午线是否正确)。如果没有合适所建工程的坐标系统，可以新建或编辑坐标系统。

“天线高”：输入移动站的天线高，并勾选“直接显示实际高程”，这样在测量屏幕上显示的便是测量点的实际高程；如果不勾选，屏幕上显示的是天线相位中心，即天线头的高程。在此设置天线高以后，在进行测点时，在天线高不变的情况下不需要另外输入天线高。

“存储”：存储设置对话框如附图 3-13 所示，主要设置存储类型和点的属性。存储类型有三种：一般存储，即对点位在某个时刻状态下的坐标进行直接存储(点位坐标每秒刷新一次)；平滑存储，即对每个点的坐标多次测量取平均值(需要设置平滑次数)；偏移，类似于测量中的偏心测量，记录的点位不是目标点位，根据记录点位和目标点位的空间几何关系来确定目标点。

“显示”：指在测量界面上所显示出来的点位信息(附图 3-13)。可以有“点名”“编码”和“高程”，可以多选，也可以选择不显示字体符号、显示的数量(界面上显示多少个点，可以是测量的最后一个点，也可以输入要显示的测量点的个数)；网格线及网格坐标，网格线把界面分成几个网格，这样可以直观地看到点位的大概位置信息；“连接所有的测量点”，显示在界面上的点是否需要用直线连接起来。

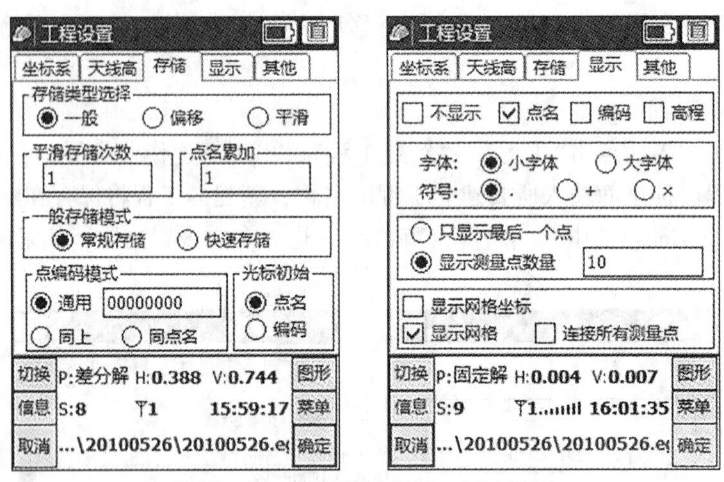

附图 3-13 工程设置存储与显示设置

“其他”：主要是卫星截止角、时区等。

4) 坐标转换

GNSS 接收机输出的数据是 WGS-84 经纬度坐标，需要转化为施工测量坐标，这就需要软件进行坐标转换参数的计算和设置。坐标转换操作就是完成这一工作。转换方法一般采用四参数或七参数和高程拟合。在进行四参数的计算时，至少需要 2 个控制点的两套坐标系坐标参与计算才能最低限度地满足控制要求。高程拟合时，使用 3 个点的高程进行计算时，高程拟合参数类型为加权平均；使用 4～6 个点的高程时，高程拟合参数类型为平面拟合；使用 7 个以上的点的高程时，高程拟合参数类型为曲面拟合。

(1)四参数求解。

四参数主要解决两个平面坐标系之间的转换，包括 2 个平移参数，1 个角度旋转，1 个比例尺缩放。求解四参数的控制点至少要用 2 个或 2 个以上，控制点等级的高低和分布直接决定了四参数的控制范围。根据经验，四参数理想的控制范围一般都在 20～30km² 以内。操作方法如下。

➢ 点击"输入"→"求转换参数"，弹出如附图 3-14 所示界面，单击"增加"，出现如附图 3-15 所示的界面，增加求解四参数的控制点。可直接输入坐标值，也可点击右上角按钮从坐标库中调取坐标值。

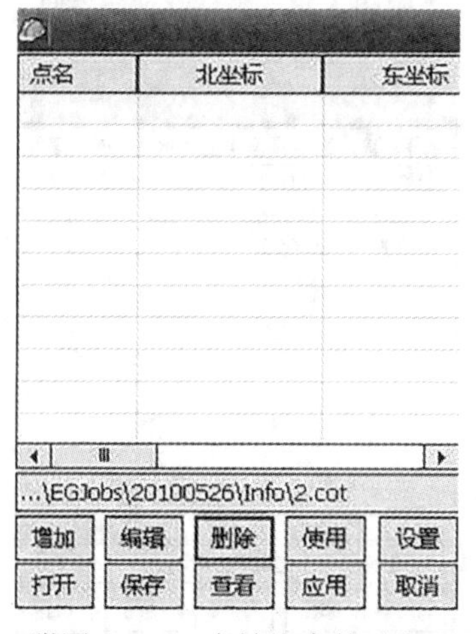

附图 3-14　"求转换参数"界面

附图 3-15　添加控制点已知坐标

➢ 单击"确定"，进入附图 3-16 所示的界面(增加控制点的经纬坐标)，可以从所显示的三种方式中获取。单击"从坐标管理库中选点"，出现如附图 3-17 所示的界面，选择所对应的点，点击"确定"完成；"读取当前点坐标"，即在该点对中整平时记录一个原始坐标，并录入对话框；直接输入"大地坐标"，手工输入。一般采用第一种方法。

➢ 这时第一个点增加完成，如附图 3-18 所示。单击"增加"，重复上面的步骤，增加另外的点。所有的控制点都输入以后，向右拖动滚动条查看水平精度和高程精度，如附图 3-19 所示。查看确定无误后，单击"保存"(建议将参数文件保存在当天工程文件中 Info 文件夹里面)。

➢ 此时单击右下角的"应用"，出现如附图 3-20 所示的界面，点击"Yes"即可。这里如果单击右上角的"X"，这表示计算了四参数，但是在工程中不使用四参数。点击下面的"查看"按钮，查看所求的四参数，进入开始界面后可以点击右上角的查看四参数图标，如附图 3-21 所示。

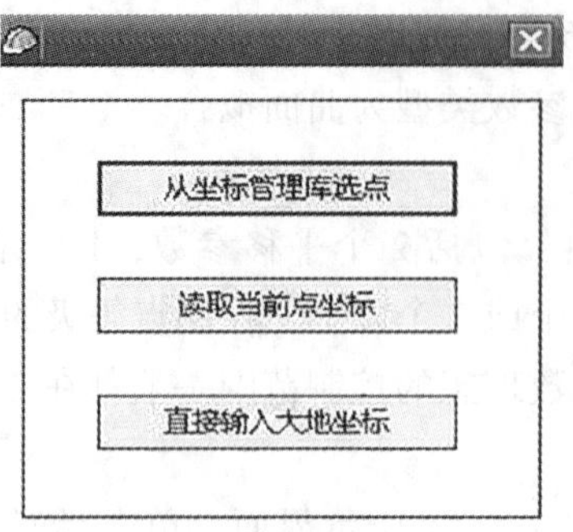

附图 3-16　添加控制点原坐标

索引	点名	东坐标
2092	aspt2092	435013.518
2093	aspt2093	435013.519
2094	aspt2094	435013.515
2095	aspt2095	435013.516
2096	aspt2096	435013.516
2097	aspt2097	435013.515
2098	aspt2098	435013.517
2099	aspt2099	435013.518
2106	test123	425063.323

附图 3-17　坐标管理库界面

点名	北坐标	东坐标
ZS63	4326902.718	490872.27

...\EGJobs\20100526\Info\2.cot

增加　编辑　删除　使用　设置
打开　保存　查看　应用　取消

附图 3-18　增加完一个控制点

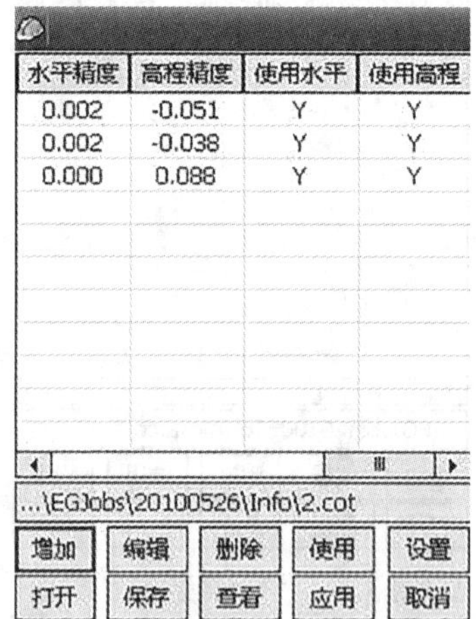

水平精度	高程精度	使用水平	使用高程
0.002	-0.051	Y	Y
0.002	-0.038	Y	Y
0.000	0.088	Y	Y

附图 3-19　增加多个控制点查看精度

附图 3-20　转换参数应用

附图 3-21　查看转换参数

(2)七参数求解。

七参数求解的操作同四参数求法，先输入至少 3 个已知点的工程坐标和原始坐标，点击“设置”，在“坐标转换方法”的下拉框中选择“七参数”(附图 3-22)，点击“确定”，返回到求解参数界面，点击“保存”“应用”即可，七参数计算完毕。

七参数的应用范围较大(一般大于 $50km^2$)，计算时用户需要知道 3 个已知点的地方坐标和 WGS-84 坐标，即 WGS-84 坐标转换到地方坐标的 7 个转换参数。

注意：3 个点组成的区域最好能覆盖整个测区，如附图 3-23 所示，这样的效果较好。七参数的控制范围和精度虽然增加了，但 7 个转换参数都有参考限值，X、Y、Z 轴旋转一般都必须是秒级的；X、Y、Z 轴平移一般小于 1000。若求出的七参数不在这个限值以内，一般是不能使用的。这一限制还是比较苛刻的，因此在选择使用七参数还是四参数时要根据具体的测量情况而定。

附图 3-22　选择七参数转换方法

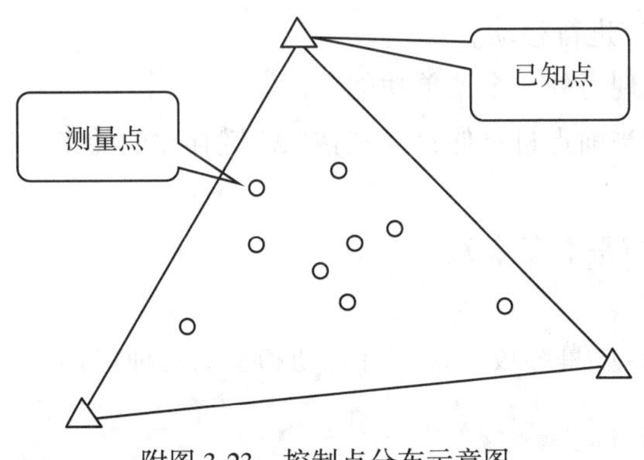

附图 3-23　控制点分布示意图

5)碎部点测量

在工程之星主界面点击“测量”→“点测量”，即可进行碎部点的测量，界面如附图

3-24所示。按“A”键，存储当前点坐标，输入天线高，如附图 3-25 所示。继续存点时，点名将自动累加，在附图 3-25 的界面中可以看到“高程”值为“55. 903”，这里看到的高程为天线相位中心的高程。当这个点保存到坐标管理库以后，软件会自动减去 2m 的天线杆高，再打开坐标管理库，所看到的该点的高程即为测量点的实际高程。连续按两次“B”键，可以查看所测量坐标。

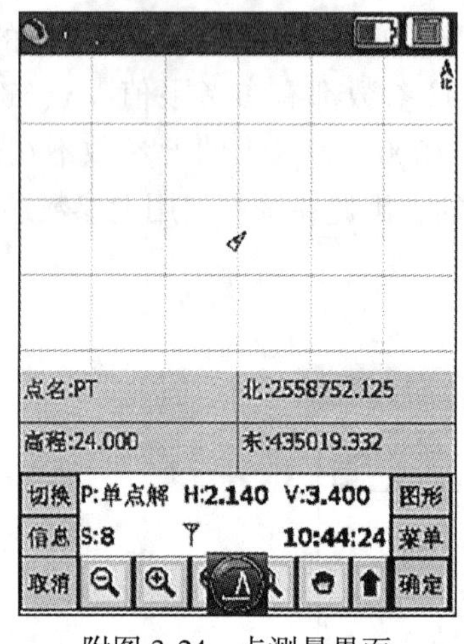

附图 3-24　点测量界面

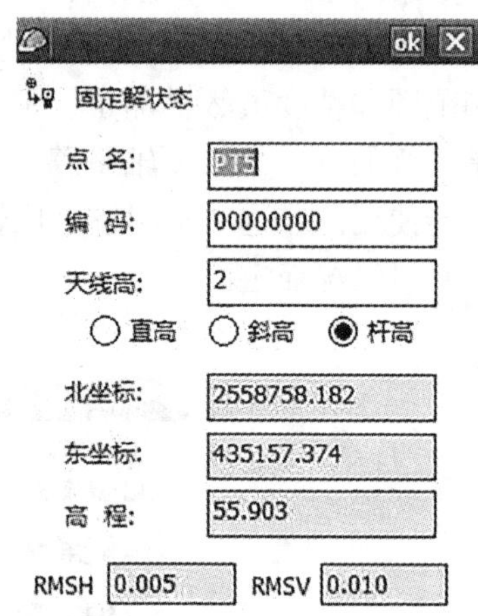

附图 3-25　保存测量点界面

在点测量的测量界面最下面有 6 个按钮，前 5 个按钮都有两项功能，按键可以来回切换，功能如下：

对窗口显示内容进行缩小；

对窗口显示内容进行放大；

对窗口显示内容全部显示；

对窗口显示内容局部显示或放大；

对窗口显示内容进行移动。

点击键，会出现另外 5 个菜单功能。

保存 保存按钮，对当前点进行储存，和按“A”键存储的效果一样；

偏移 偏移存储；

平滑 平滑存储，设置平滑存储次数；

查看 测量点查看；

选项 选项按钮，修改屏幕缩放方式，有自动和手动两种方式。

6）放样

（1）点放样。

在工程之星主界面点击“测量”→“点放样”，进入放样界面如附图 3-26 所示。点击“目标”按钮，打开放样点坐标库，如附图 3-27 所示，在放样点坐标库中点击“文件”按钮，导入需要放样的点坐标文件并选择放样点（如果坐标管理库中没有显示出坐标，点击

“过滤”按钮，查看需要的点类型是否选上)，或点击“增加”直接输入放样点坐标，确定后进入放样指示界面，如附图 3-28 所示。

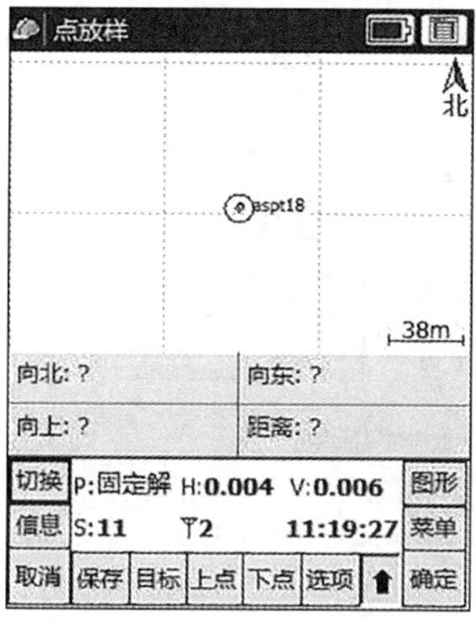

附图 3-26　“点放样”界面

附图 3-27　放样点库

放样界面显示了当前位置与目标点位之间的距离，应向北移动×××m，向东移动×××m，根据提示进行移动放样。在放样过程中，当前点移动到离目标点 1m(可在“选项”中设定)以内时，软件会进入局部精确放样界面，同时软件会给控制器发出声音提示指令，控制器会有“嘟”的一声长鸣音提示。点击“选项”按钮，出现如附图 3-29 所示的点放样选项界面，可以根据需要选择或输入相关的参数。

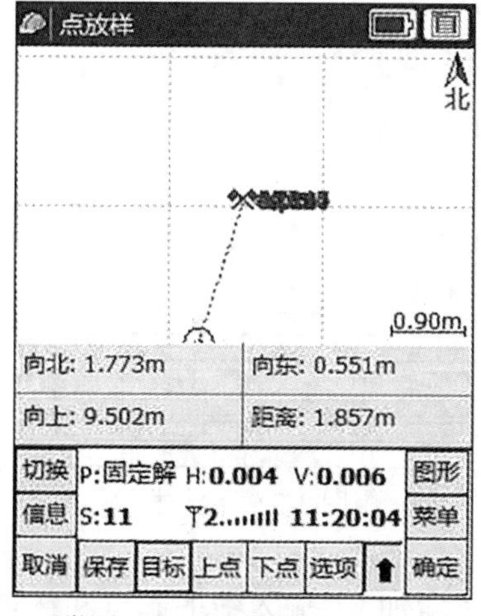

附图 3-28　放样某点时界面

附图 3-29　设置放样显示参数

在放样界面下还可以同时进行测量，按下保存键“A”按钮即可以存储当前点坐标。在点位放样时选择与当前点相连的点放样时，可以不用进入放样点库，点击“上点”或“下点”(附图 3-30)并根据提示选择即可。

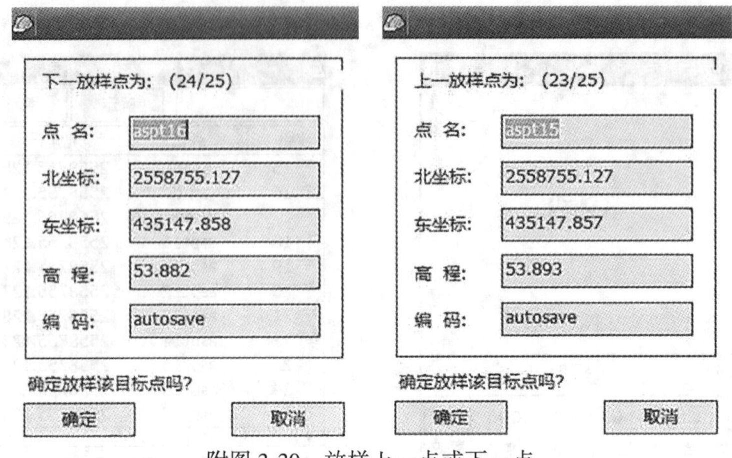

附图 3-30　放样上一点或下一点

(2)直线放样。

打开工程之星，在主界面点击“测量”→“直线放样”，如附图 3-31 所示。点击“目标”，打开线放样坐标库(附图 3-32)，放样坐标库的库文件为 ∗. lnb，选择要放样的线即可(如果有已经编辑好的线放样文件)。

附图 3-31　“线放样”界面

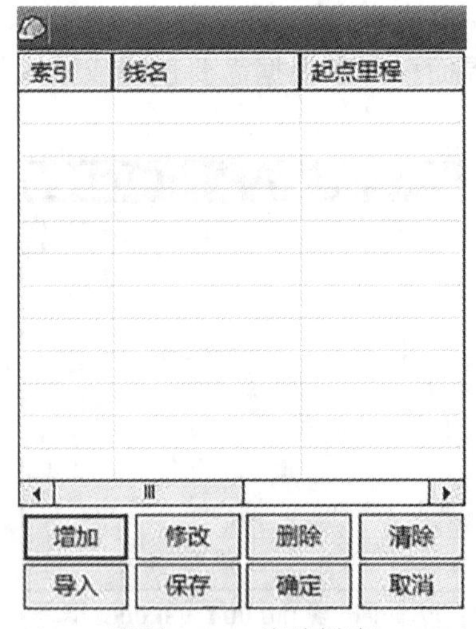

附图 3-32　线放样库

如果线放样坐标库中没有线放样文件，点击“增加”，输入线的起点和终点坐标就可以在线放样坐标库中生成线文件，如附图 3-33 所示。如果需要里程信息，在下面可以输入起点里程，这样在放样时，可以实时显示出当前位置的里程(这里的里程是指从当前点向直线作垂线，至垂足点的里程)。

在线放样坐标库中增加线之后选择放样线，点击“确定”后出现如附图 3-34 所示的线放样界面。

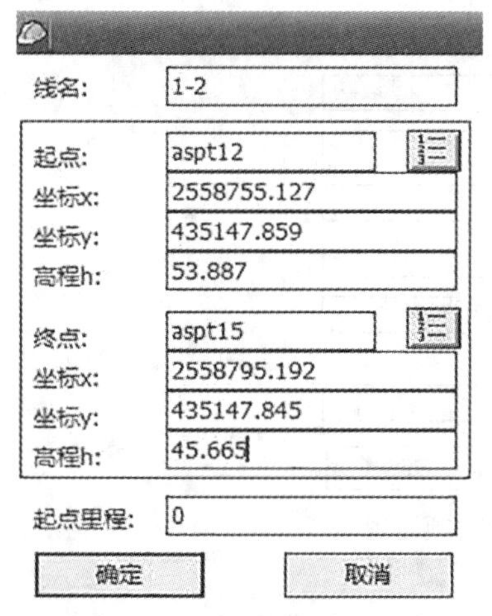

附图 3-33　输入放样直线起止点坐标

附图 3-34　线放样显示界面

在线放样界面中，当前点偏离直线的距离、起点距、终点距和当前点的里程(里程是指从当前点向直线作垂线，至垂足点的里程)等信息(显示内容可以点击“显示”按钮，会出现很多可以显示的选项，选择需要显示的选项即可)，其中偏离距中的左、右方向依据是当人沿着从起点到终点的方向走时在前进方向的左边还是右边，偏离距的距离则是当前点到线上垂足的距离。起点距和终点距有两种显示方式，一种是当前点的垂足到起点或终点的距离，另一种是指当前点到起点或终点的距离。当前点的垂足不在线段上时，显示当前点在直线外。

线放样界面中的虚线显示是可以设置的，点击“选项”按钮，进入线放样设置对话框，如附图 3-35 所示。

线放样设置和点放样的设置基本相似。“整里程提示”是指当前点的垂足移动到所选择的整里程时会有提示音。

与点放样一样，直线放样也有上线和下线的快捷按钮，可以直接点击“上线”来放样当前放样线相邻的上一条直线，点击“下线”来放样当前放样线相邻的下一条直线(附图 3-36)。

7) 成果导入导出

在作业之前，如果有测区的转换参数文件，可以直接导入。在点测量或放样完成后，要把测量成果根据成图软件要求，以不同的格式输出，这需要利用工程之星的“文件导入导出”功能。

(1) 文件导入。

打开工程之星，在主界面点击“工程”→“文件导入导出”→“文件导入”，如附图 3-37 所示。在“导入文件类型”的下拉选项框中选择要导入的参数的文件类型，主要有南方加密参数文件、天宝参数文件等。打开文件并选择要导入的参数文件，点击“确定”，点击“导入”则参数文件导入当前工程中。

附图 3-35　线放样选项设置

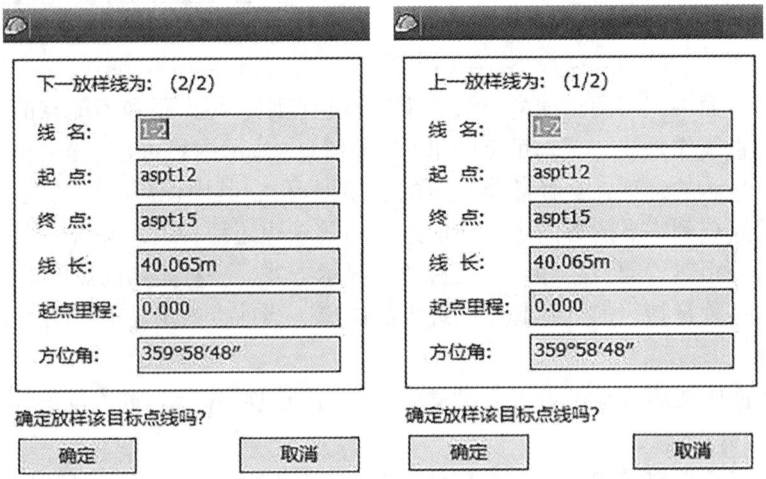

附图 3-36　放样上一条直线或下一条直线

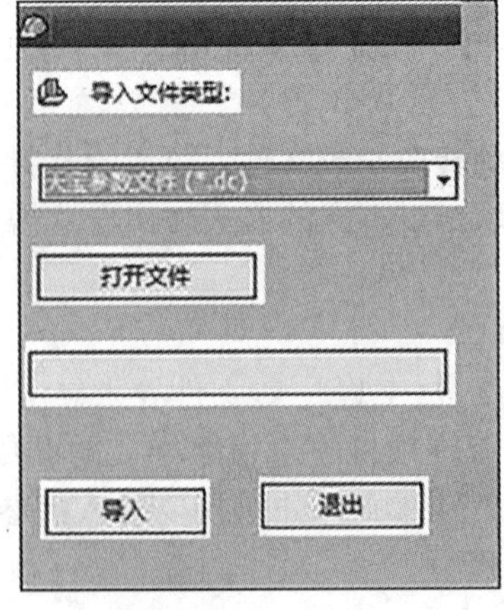

附图 3-37　文件导入

(2)文件导出。

打开工程之星，在主界面点击“工程”→“文件导入导出”→“文件导出”，如附图 3-38 所示。

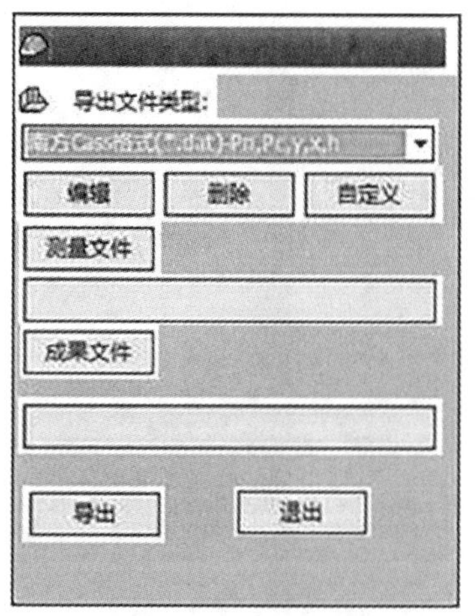

附图 3-38　文件导出

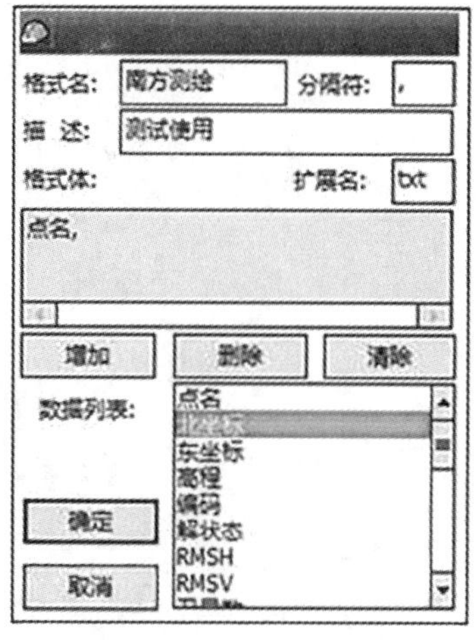

附图 3-39　定义导出格式

打开“文件导出”，在数据格式里面选择需要输出的格式，如果没有需要的文件格式，点击“自定义”(附图 3-39)。填入格式名和描述以及扩展名，在数据列表中依次选中导出的数据类型，点击“增加”，全部添加完之后点击“确定”，则自定义的文件类型列于表中。说明：此处的编辑只能编辑自己添加的自定义文件类型，系统固定的文件格式不能编辑。

选择数据格式后，单击“测量文件”，选择需要转换的原始数据文件，如附图 3-40 所示。此时单击“成果文件”，输入转换后保存文件的名称，如附图 3-41 所示。

附图 3-40　打开测量文件

附图 3-41　给定成果文件

最后单击“导出”，则文件已经转换为所需要的格式。转换格式后的数据文件保存在“\Storage Card\EGJobs\20100526\Data\”中。将手簿和电脑连接，则可从该文件夹下拷贝出测量的结果文件。

附录4　GNSS 解算软件使用

一、GNSS 解算过程及解算软件简介

GNSS 解算指对相对定位或精密单点定位的观测数据进行解算，普通单点定位直接输出定位结果，无需再进行定位解算，本书中通常指相对定位解算，解算多台同步观测的接收机之间的相对位置或者解算 GNSS 网。GNSS 相对定位解算的基本流程如附图 4-1 所示。

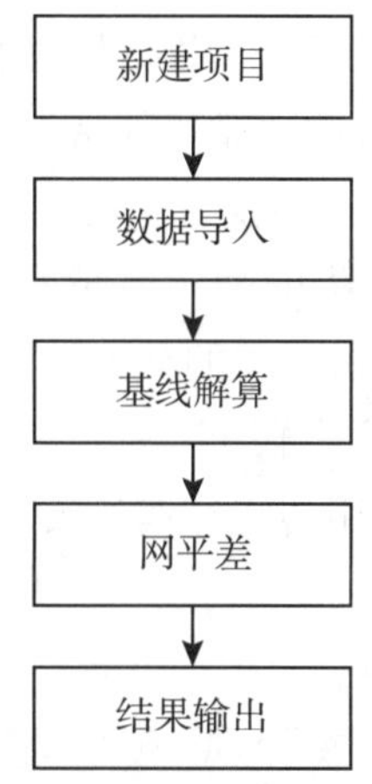

附图 4-1　GNSS 解算基本流程

新建项目：在 GNSS 解算软件中，解算内容以“项目”为单位组织，一个解算项目对应一个项目文件。在“项目”中包括 GNSS 观测数据、基线、闭合环、解算结果等，进行 GNSS 解算时首先新建一个项目以接收观测数据、管理解算过程中的各种数据。

数据导入：将 GNSS 观测数据文件导入 GNSS 解算项目中。每种 GNSS 解算软件所能接收的数据文件格式不尽相同，如所使用的解算软件不能接收所得到的观测文件格式，则在数据导入之前应将观测文件转换成解算软件所能接收的格式。

基线解算：基线指同步观测的两个点之间的连线，基线解算则指基线向量(两点间的坐标差值)解算。相对定位解算的是所有点之间的相对坐标，首先解算两点之间的相对坐标。GNSS 解算的基本工作是解算基线，即解算同步观测的两点之间的坐标差值，当只有两台 GNSS 接收机同步观测时只能形成一条基线，当有多台接收机同步观测时，同步观测的任意两点之间均可以形成基线。如 4 台接收机同步观测一个时段，得到 4 个观测文件，导入 GNSS 解算软件之后，4 个观测点之间任意组合可形成 6 条基线，若观测质量合格(观测信号不佳时可能有观测点观测数据质量不合格而无法使用的情况)，基线解算时最多可以解算 6 条基线。

网平差：在 GNSS 网中一般都有多余观测值，如上例 4 台接收机同步观测一个时段，最多可形成 6 条基线，最少 3 条基线即可确定 4 点之间的相对位置关系，如将基线向量作为网平差的观测值，则本例中必要观测数为 3，观测数为 6，多余观测数为 3，网平差即按测量平差原理对 6 个观测值进行平差处理，获取最优平差解。

GNSS 解算软件通常由 GNSS 接收机生产厂家提供，如 Trimble 公司的“Trimble Geomatics Office（TGO）”，广州南方测绘科技股份有限公司的“南方测绘 GNSS 数据处理软件”，广州中海达卫星导航技术股份有限公司的“HGO 数据处理软件”等。实习中主要采用广州南方测绘科技股份有限公司和广州中海达卫星导航技术股份有限公司的 GNSS 接收机，也通常使用这两个公司的配套解算软件，本书以南方 GNSS 后处理软件为例说明网平差的计算流程和具体操作方法。

南方 GNSS 后处理软件“南方测绘 GNSS 数据处理软件”的主要功能是对 GNSS 静态观测数据进行基线处理，并将结果进行约束整网平差，得出控制网成果。附带的工具软件有：坐标转换及四参数计算、数据格式转换、星历预报、数据质量检查等。该软件能处理南方公司的各种型号 GNSS 接收机采集的静态测量数据，也可处理标准 RINEX（Receiver Independent Exchange format，与接收机无关的交换格式）格式的数据。软件可在广州南方测绘有限公司网站下载安装，在此不再详细叙述。

软件主界面如附图 4-2 所示，采用传统经典的菜单、工具栏操作模式，文件的管理以项目文件方式进行，界面的左边是快捷状态栏，按照软件的操作步骤顺序排列。

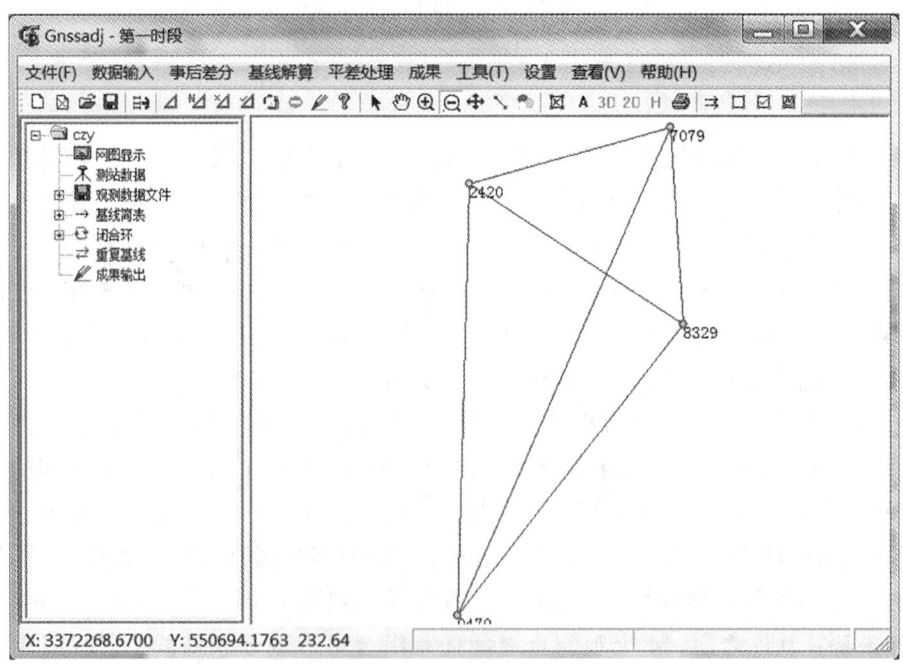

附图 4-2　南方后处理软件主界面

GNSS 解算以项目为单位组织运行，附图 4-2 中界面左侧显示的即为解算项目，每一项具体含义如下。

网图显示：用以显示 GNSS 控制网的图形和误差椭圆。

测站数据：显示每个原始数据文件的详细信息，包括所在路径，每个观测数据的文件名、点名、天线高、采集日期、开始和结束时间、单点定位的经纬度和大地高。在该状态下，可以增加或删除数据文件，以及修改点名和天线高。

观测数据文件：测站数据对应的观测文件信息。

基线简表：所有测站数据构成的所有基线解的基本信息，包括基线名、观测量、同步时间、方差比、中误差、水平分量、垂直分量、X 坐标增量、Y 坐标增量、Z 坐标增量、基线长度、基线相对误差。

闭合环：所有测站数据所能构成的闭合环信息，可查看最小独立闭合环、最小独立同步闭合环、最小独立异步闭合环、重复基线、任意选定基线组成闭合环的闭合差。

重复基线：显示重复观测的复测基线。

成果输出：查看自由网平差、三维约束平差、二维约束平差、高程拟合等成果以及相应的精度分析。

二、静态 GNSS 控制网数据处理流程

GNSS 处理软件中处理的测量数据以“项目”进行管理，一个项目对应一个项目工程文件，处理流程均以测量工程为对象，流程如下。

(1)建立项目：主要是设定项目的有关属性，如项目名称、坐标系统、控制网等级等。

(2)导入数据：将外业观测数据导入软件的当前测量工程中。

(3)数据编辑：输入天线高、测站点名、已知点坐标等，还可以对观测信号较差的数据进行剔除操作。

(4)基线解算：计算由同步观测的两测站之间的相对坐标分量。

(5)平差处理：根据解算出的基线之间的约束关系，平差得到各点的坐标。

(6)成果输出：输出所需要的解算成果，如闭合差、重复基线、平差成果等。

三、接收机数据导出及整理

GNSS 接收机每个观测时段在接收机存储器上形成一个独立的二进制文件，文件名一般由接收机序号和观测序号两部分组成，多为 8 位，扩展名多由接收机厂家定义。

1. 接收机数据导出

目前新的 GNSS 接收机文件系统都是采用标准的兼容 Windows 的磁盘文件系统，传输协议采用 USB MASS STORAGE 标准协议。因此，数据的下载比较简单，只需用设备配套的专用数据传输线将接收机主机和电脑的 USB 接口连接，打开主机后即可以“移动硬盘”形式显示在电脑上，打开“移动硬盘”，将观测文件直接拷贝出来即可。

2. 修改文件名

接收机中每次开关机操作后自动生成一个文件，该文件的文件名是以接收机编号后四

位作为文件名的前四位字符，因此，无论一台接收机观测了多少个时段，无论在多少个点上进行观测，其保存数据的文件名前四位都是相同的。另一方面，很多数据处理软件在导入数据时，都默认文件名的前四位是观测点的点号。所以，为了将每个数据文件与所在的观测点号相互对应起来，在进行数据处理前，首先要根据 GNSS 外业观测手簿，对文件名进行修改，将原始文件名的前四位修改为对应观测点的点号。如原始文件名为 86061512. sth 的文件观测对应的点号为 YG02，则应将文件名改为 YG021512. sth。

3. 格式转换

直接从 GNSS 接收机中下载的数据是以二进制形式进行存储的，不同厂家所定义的二进制格式都不相同，存储内容除了观测数据以外还包含一些专有信息，这种格式一般称为“本机格式”。只有与接收机配套的数据处理软件才能够读取和处理这种格式，如果要使用其他数据处理软件或有两种以上厂家的 GNSS 接收机进行了同步观测，则需要将数据格式转换为标准的 RINEX 数据格式。不同厂家一般都提供相应的数据格式转换工具，以用于将观测文件转换为 RINEX 格式。以下以南方 GNSS 接收机和中海达接收机为例进行说明。

1)南方 GNSS 观测数据格式转换

打开数据后处理软件，选择菜单中“工具”→“Sth to Rinex 4. 0”，如附图 4-3 所示。

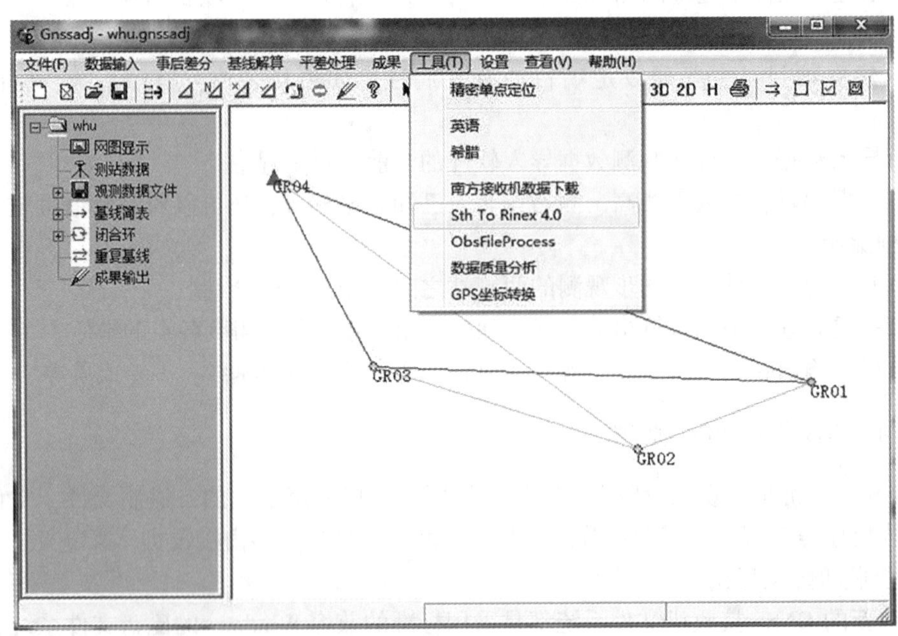

附图 4-3　选择数据格式转换工具

随后出现数据格式转换工具，如附图 4-4 所示。

单击“输入路径”可以读入要转换的文件，单击“输出路径”可以指定转换结果(RINEX 文件)保存的位置，界面中间可以选择输出的 RINEX 文件版本号、输出的卫星系统

(GNSS、GLONASS、SBAS)，点击“编辑”按钮，出现如附图 4-5 所示的界面，可以修改“测站点名”“量测的天线高”等。

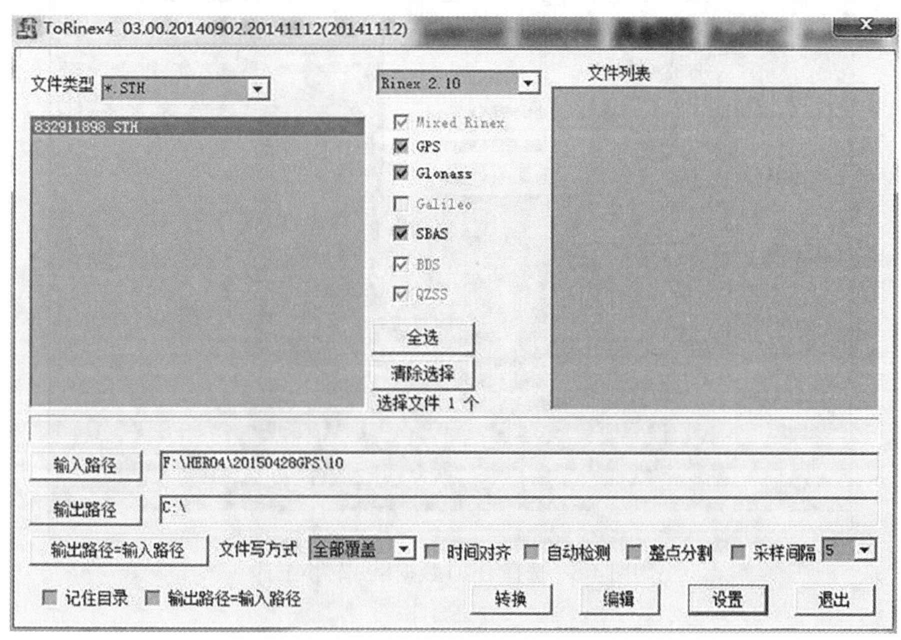

附图 4-4　数据格式转换工具

Info Edit

文件名	测站名	天线高	量取的...	量取方式	天线类型	版本	机号	路径
832911898	8329	0.000	0.000	天线斜高	HX-BS601A	99.90	S8234A117118...	F:\HERO4\20150428GPS\10\83291

确定　取消

附图 4-5　编辑界面

输出路径、参数设置好之后，点击“转换”按钮，即可完成数据格式的转换。

2) 中海达 GNSS 数据格式转换

如果使用了不同品牌的 GNSS 接收机进行观测，需将本机格式的观测文件转化为 RINEX 格式文件。如使用中海达 GNSS 接收机观测，可在广州中海达卫星导航技术股份有限公司提供的 GNSS 后处理软件包 HGO 中进行格式转换，打开 HGO 软件，选择菜单“工具”→“Rinex 转换工具”，如附图 4-6 所示。

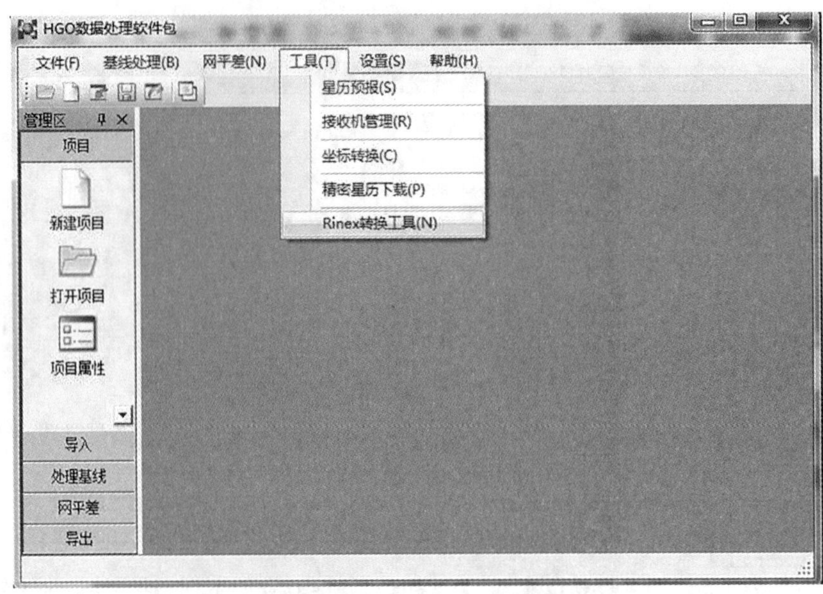

附图 4-6　选择 HGO 数据格式转换工具

随后出现数据格式转换工具，如附图 4-7 所示。

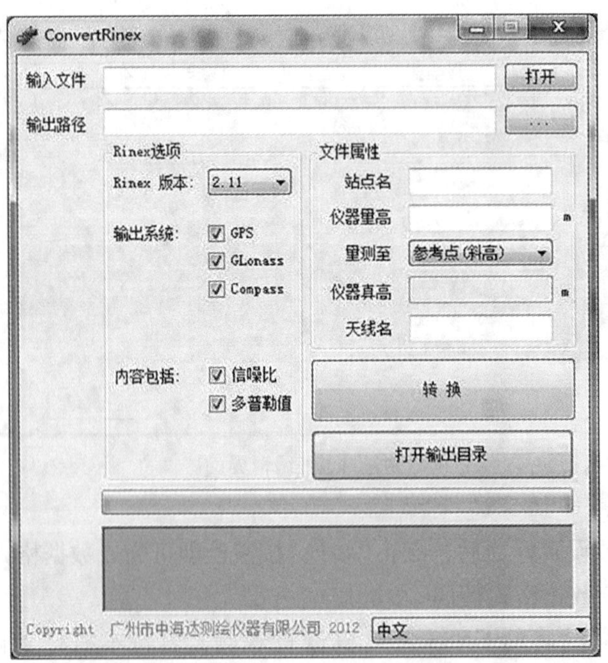

附图 4-7　HGO 数据格式转换工具

在“输入文件”中单击“打开”选择要转换的文件，在“输出文件”中给定要保存的文件路径。选择输出的 RINEX 文件版本号、输出的卫星系统(GNSS、GLONASS、Compass)，给定站点名、仪器量高、量测至、仪器真高、天线名，点击“转换”按钮即可完成数据格式的转换。

四、GNSS 数据后处理

1. 新建项目

点击“文件”菜单下的“新建”项目，弹出界面如附图 4-8 所示。

建立项目
项目名称 没有注册
项目开始日期
施工单位 没有注册
项目结束日期
负责人
控制网等级 E级-2009
设置
坐标系统 WGS-1984
定义坐标系统
固定误差(mm) 3.0
中央子午线 0
比例误差系数(ppm) 1.0
基线剔除方式 自动
确定
取消

附图 4-8　新建工程项目

在对话框中按照要求填入“项目名称”“施工单位”“负责人”，选择相应的“坐标系统”“控制网等级”“基线剔除方式”，最后点击“确定”按钮，完成操作。如果在“坐标系统”中没有要使用的坐标系，还可以通过“定义坐标系统”由用户自定义坐标系。

2. 观测数据导入

(1)点击“数据输入”菜单下的“增加观测数据文件”项目，弹出界面如附图 4-9 所示。给定原始观测值文件所在的路径，通过点击“文件列表”选择相应的文件。南方 GNSS 后处

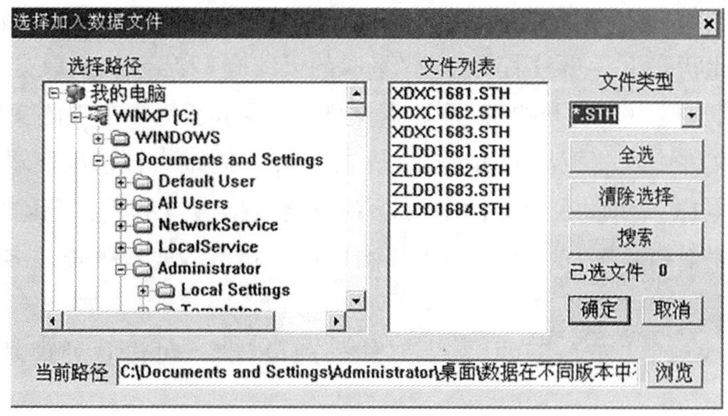

附图 4-9　增加观测数据文件

理软件可以直接读入南方测绘 *. sth 观测文件，对于其他厂商的 GNSS 接收机所采集的数据，需先把其他非南方 GNSS 接收机采集的本机格式数据文件转换为标准的 RINEX 2.0(兼容 RINEX 1.0)格式，然后在“文件类型”中选择“Rinex”即可显示 RINEX 格式文件，仍然通过“文件列表”进行选择。

(2)点击“数据输入”菜单下的“导入基线数据”，可以读入已经解算好的基线文件(文件后缀名为 . SthBaseL)。

(3)点击“数据输入”菜单下的“坐标录入”，可以输入已知点坐标，如附图 4-10 所示。

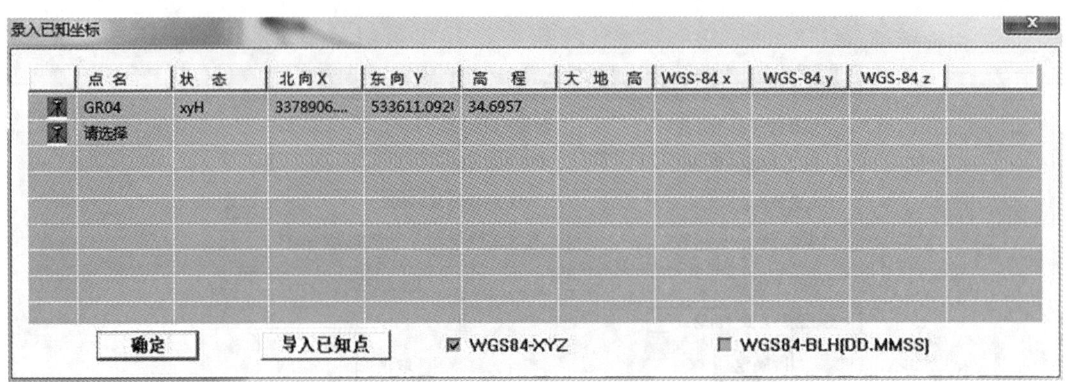

附图 4-10　坐标录入界面

选择已知点的“点名”，给定坐标状态，然后输入相应的坐标。

3. 数据编辑

观测数据文件导入后，如果需要修改测站点名、测站天线高等信息时，可对观测数据进行编辑。

(1)点击左边状态栏中的“测站数据”，如附图 4-11 所示，右边显示每一个测站 ID 的相关信息，在此状态下，可以修改已知点的坐标及测站点名。

(2)点击左边状态栏中的“观测数据文件”，如附图 4-12 所示，右边显示每一个观测文件的路径、观测日期、开始结束时间、测站 ID、天线高、量取的天线高、量取方式、天线类型等。在此状态下一步只需要修改“量取的天线高”和给定“量取方式”。

(3)在左边状态栏中，展开的“观测数据文件”下显示了每一个观测文件。单击每一个文件，可以查看文件中观测卫星的历元数、采样间隔、周跳失锁情况。双击每一个观测文件，弹出如附图 4-13 所示，在此界面下可以对观测数据进行编辑，删除失锁较多的观测卫星，点击界面左上角图标，然后用光标画矩形删除不需要或失锁较多的卫星。

4. 基线解算

(1)点击“基线解算”菜单下的“静态基线处理设置”，可设置处理基线的相关参数，如附图 4-14 所示。

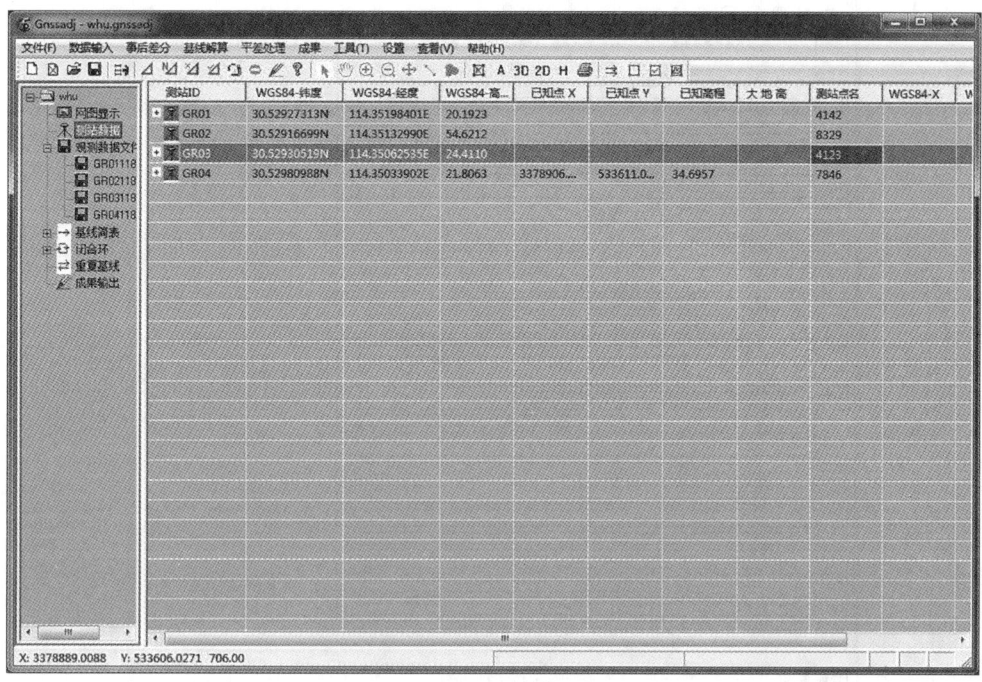

附图 4-11　观测测站信息

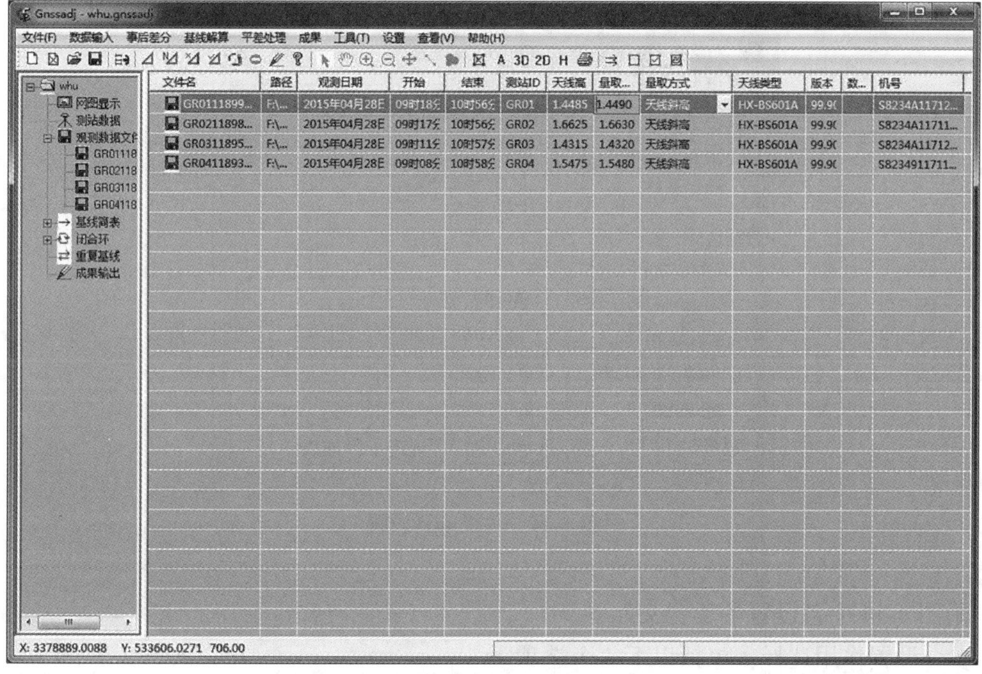

附图 4-12　观测数据文件信息

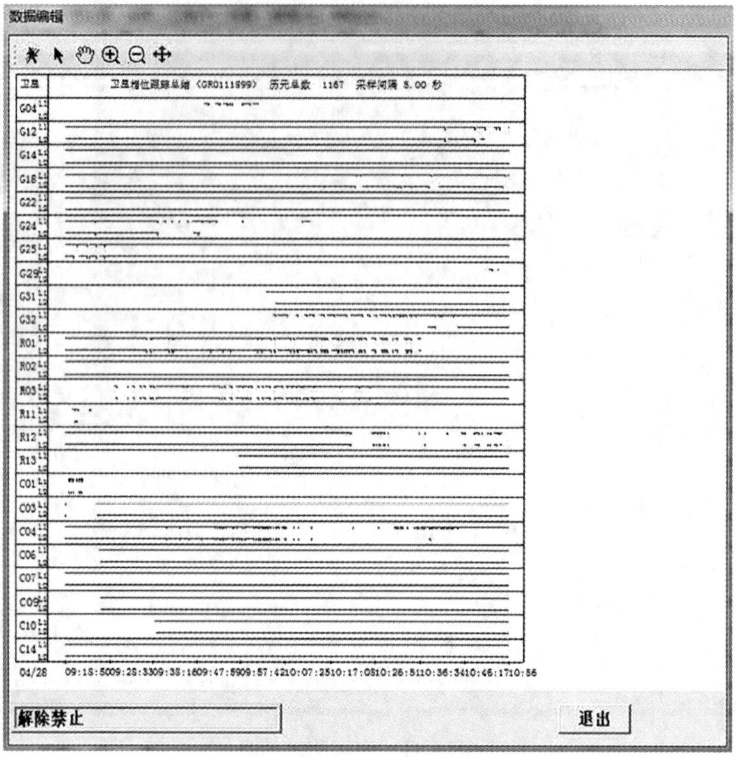

附图 4-13　单个观测文件信息

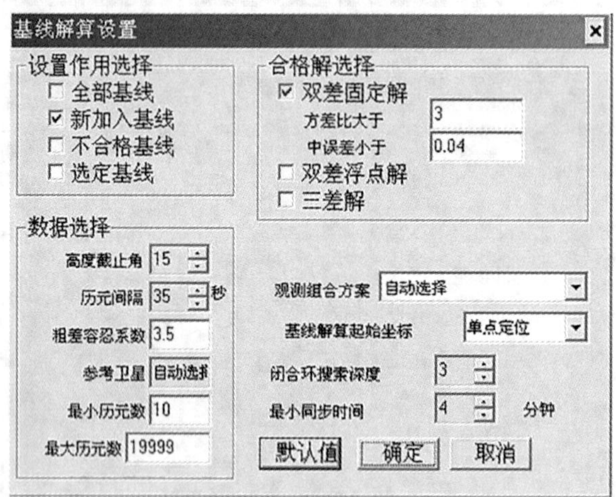

附图 4-14　基线解算设置

附图 4-14 中各设置参数含义如下。

➢ 设置作用选择：包括以下 4 个选项。

全部基线：对所有导入软件的观测数据文件进行解算。当一条基线解算结束并解算合格(一般情况下要求比值即方差比大于 3.0)后，网图上表示的基线边将变红。不合格的基线将维持灰色。

新加入基线：对新增加进来的基线单独解算。

不合格基线：软件只处理上次解算后不合格的基线。

选定基线：只处理已选定的基线。

➢ 数据选择：包括以下 6 个选项。

高度截止角：即卫星高度角截止角，通常情况下取其值为 15.0(度)，用户也可以适当地调整使其增大或者减小，但应当注意，当增大卫星高度截止角时，参与处理的卫星数据将减少，因此要保证有足够多的卫星参与运算，且 GDOP(几何精度因子)良好，在卫星较多时，取 15.0 较为适宜。默认的设置为 15.0。

历元间隔：指运算时的历元间隔，该值默认取 5 秒，可以任意指定，但必须是采集间隔的整数倍。例如，采集数据时设置历元间隔为 15 秒，而采样历元间隔设定为 20 秒，则实际处理的历元间隔将为 30 秒。

粗差容忍系数：数据中常含有一定的粗差，在处理工程中，需要将一些不合格的数据当作粗差剔除，当观测值偏离模型值超过"粗差容忍系数"×RMS 时，就认为这组观测值为粗差。通常情况下，不需要修改这个参数。默认的设置为 3.5。

参考卫星：由于双差观测值是单差观测值在卫星之间进行差分形成的，所以在组成双差观测值时，为了方便处理，软件采用选取参考卫星的方法。默认的设置是自动方式。这时，软件会选取观测数据最多且高度角较高的卫星作为参考卫星。但由于观测条件的影响，这样的选择未必最合理，当参考卫星选取不当时，会影响基线处理结果。这时就需要用户根据观测数据状况重设参考卫星。在重设参考卫星时，首先根据卫星预报、野外观测记录、前面基线处理的结果状况综合进行选择。如任意选择一颗根本没有观测到的卫星是没有意义的。

最小历元数：观测过程中，接收机必须观测到连续的载波相位，如一段数据连续出现周跳，则这一段数据的质量通常很差，常影响基线处理的质量，通常应该将其剔除。因此在基线处理过程中，软件会将观测连续历元数不超过最小历元数的数据段剔除。默认值为 10。

最大历元数：软件默认值为 1999。

➢ 合格解选择：选项包括双差固定解、双差浮点解、三差解。双差固定解是指模糊度能够固定为整数的情况下求解出的基线向量，一般认为此解算结果是最优的；双差浮点解是模糊度为实数所求得的基线向量；三差解是在双差观测值的基础上，进一步对相邻历元间求差，从而消去整周模糊度解算出的基线向量，其实值是一种浮点解，因为没有对模糊度进行取整和回代。

➢ 观测组合方案：一般初始解算时采用"自动选择"模式解算。

➢ 闭合环搜索深度：用于调节闭合环的边数，此处调节应根据 GNSS 测量规范操作。

➢ 最小同步时间：当同步观测时间小于设定值的同步时间时基线将不参与计算。

5. 平差处理

(1)在进行平差处理时，首先设置相关的参数，点击"平差处理"菜单中的"平差参数设置”，如附图 4-15 所示。

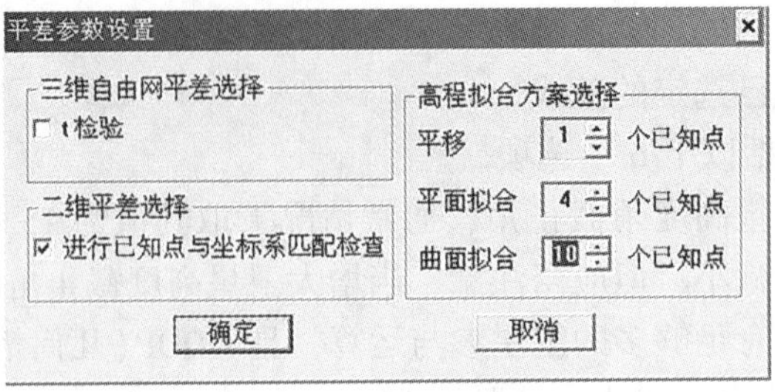

附图 4-15　平差参数设置

本项设置为选择已知点坐标与坐标系匹配的检查和高程拟合方案。附图 4-15 中的“二维平差选择”作了选择后，在进行平差计算时，若输入的已知点坐标和概略坐标差距过大，软件将不进行平差；反之，如没有选择，软件对平差已知点不作任何限制。无论输入怎样的已知点坐标，都能计算平差结果。高程拟合方案按选取适当的已知水准点来拟合 GNSS 高程控制网，最大限度地减少高程异常带来的误差或错误。

(2)自动处理。平差参数设置后，基线处理完即可进行基线的“自动处理”，此时软件将会自动选择合格基线组网。

(3)三维平差。组网完成后进行三维自由网平差，提供各控制点在 WGS-84 系下的三维坐标(经度、纬度、大地高)，各基线向量三个坐标差观测值的总改正数，基线边长以及点位边长的精度信息、误差椭圆。一般在自由平差时会固定任意一点。

(4)二维平差。在三维自由网平差的基础上，根据输入的已知点坐标对平面位置点进行二维约束平差，约束平差提供在北京 54、西安 80、WGS-84、CGCS2000 坐标系，或者城市独立坐标系的二维平面坐标、基线向量改正数、基线边长，以及坐标、基线边长的精度信息、转换参数、误差椭圆等。

(5)高程拟合。测量工作是在地面进行的，而地球的自然表面是一个不规则的复杂曲面，不能用准确的数学模型来描述，也就不能作为基准面。在实际测量中采用与平静海平面相重合的大地水准面来代替地球的实际表面，而在全球定位系统中采用的坐标系统是 WGS-84 坐标，这就存在一个转换问题，该转换可根据已有的高程点进行拟合。

(6)网平差计算。约束平差提供北京 54、西安 80、WGS-84 坐标系，或城市独立坐标系的三维坐标、基线向量改正数、基线边长以及坐标、基线边长的精度信息、转换参数、误差椭圆等。

6. 成果输出

(1)基线解输出：南方测绘 GNSS 基线解算结果 Ver 1.00 格式在“基线解输出”菜单项下做文本输出，输出结果可用其他平差软件进行平差计算。

(2)Rinex 输出：将采集的 GNSS 静态数据换成标准 RINEX 格式文本输出。

(3)平差报告打印输出设置：执行本命令后，出现如附图 4-16 所示的界面，用户可根据需要自行设定所需设置。

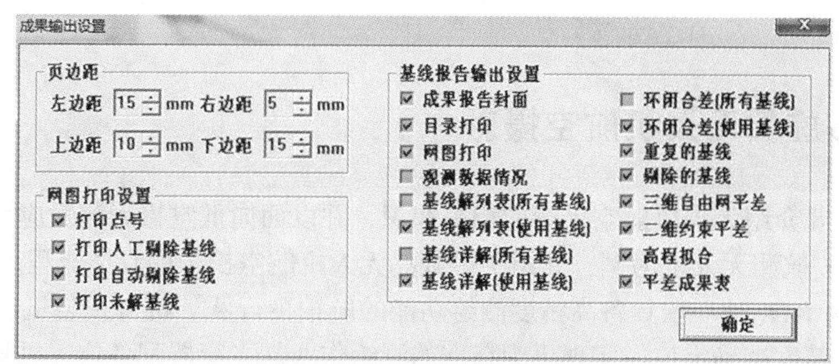

附图 4-16　成果输出设置

(4)平差报告预览：打印前预览报告并且可以在预览界面中直接点击打印，打印内容为成果报告封面、目录打印、网图打印、网平差成果。

(5)平差报告打印：打印报告。

(6)平差报告(文本文档)：以 word 文档形式输出成果报告。

文件自动保存的路径在软件安装路径下，例如：软件安装在 D 盘 program files 目录下，则文本文件输出在 D:\program files\南方测绘仪器公司\GNSSsouth\example 下。

(7)差分成果输出：输出事后差分解算的成果报告。

(8)网平差成果：对相应输出选项勾选即可形成文本格式(成果)，以文本文档形式输出网平差成果报告。

(9)平差报告：输出控制网平差成果报告 word 格式。

7. 质量检查

(1)自由网平差要求。根据我国测量相关规范要求，GNSS 网无约束平差所得出的相邻点距离精度应满足规范中对应等级网的要求。此外，无约束平差基线分量改正数的绝对值($V_{\Delta x}$，$V_{\Delta y}$，$V_{\Delta z}$)应满足如下要求：

$$V_{\Delta x} \leqslant 3\sigma,\ V_{\Delta y} \leqslant 3\sigma,\ V_{\Delta z} \leqslant 3\sigma$$

式中，σ 为相应等级规定的基线精度。如果基线分量改正数超限，则认为该基线或其他相关基线存在粗差，应在平差中剔除，直到所有参与平差的基线满足要求为止。

(2)约束网平差要求。根据我国规范要求，在 GNSS 网约束平差中，基线分量改正数经过粗差剔除后，无约束平差的同一基线相应改正数较差的绝对值($dV_{\Delta x}$，$dV_{\Delta y}$，$dV_{\Delta z}$)应满足如下要求：

$$dV_{\Delta x} \leqslant 2\sigma,\ dV_{\Delta y} \leqslant 2\sigma,\ dV_{\Delta z} \leqslant 2\sigma$$

式中，σ 为相应等级规定的基线精度。如果结果不满足要求，则认为约束的已知坐标、已知距离、已知方位角中存在一些误差较大的值，应该剔除这些误差较大的约束值，直到满足要求为止。

(3)当布设的控制网中有多余已知点时，也可以根据平差所得到的坐标与已知坐标之间的差值，来评定控制网的质量和精度。

附录5 多旋翼无人机航空摄影

本附录简要介绍无人机航空摄影的相关知识，并以面向低空摄影测量应用的大疆精灵 Phantom 4 RTK 航测无人机为例，介绍了多旋翼无人机航空摄影的具体流程。

Phantom 4 RTK 是一款具备高精度测绘功能的航拍飞行器。机身预装机载 D-RTK，可提供厘米级高精度准确定位，实现更为精准的测绘作业。飞行器配备位于机身前部、后部及底部的视觉系统与两侧的红外感知系统，提供多方位的视觉定位及障碍物感知。相机使用 1 英寸 CMOS 图像传感器，配合高精度防抖云台，可稳定拍摄高达 2000 万像素的照片，机械快门进一步确保了测绘航拍的成像效果。利用大疆精灵 Phantom 4 RTK 无人机进行航空摄影的大致流程如下。

1. 测量场地确定

(1)作业区域卫星图分析。

(2)准确抵达现场，识别作业区域范围。

2. 判断天气条件

(1)云层厚度，多云天气或者高亮度的阴天最好。

(2)光照，光照不好应增加曝光时间，iso 数值低代表成像质量好。

(3)测定现场风速，地面四级风(6m/s)及以下适宜作业，逆风出，顺风回。

(4)温度 0~40℃，温度过高或过低影响电池稳定性及相机精度。

3. 记录当天作业日志

记录当天风速、天气、起降坐标等信息，留备日后数据参考和分析总结。

4. 地面像控点布设与数据采集

像控点必须在测区范围内合理分布，通常在测区四周以及中间都要有控制点。要完成模型的重建至少要有 3 个控制点。0.3km^2 范围内需要最少 5 个像控点，均匀分布。控制点不要设在太靠近测区边缘的位置。

5. 飞行前检查

(1)遥控器、智能飞行电池是否电量充足。

(2)螺旋桨是否正确安装。

(3)确保已插入 microSD 卡。

(4)电源开启后相机和云台是否正常工作。

(5)开机后电机是否能正常启动。

(6)DJI GS RTK App 是否正常运行。

(7)确保摄像头及红外感知系统保护玻璃片清洁。

6. 指南针校准

(1)选择空阔场地，进入 DJI GS RTK App，选择飞行，点击正上方的飞行状态指示栏，在列表中选择指南针校准。飞行器状态指示灯黄灯常亮代表指南针校准程序启动。

(2)水平旋转飞行器 360°，飞行器状态指示灯绿灯常亮。

7. 手动飞行

(1)把飞行器放置在平整开阔地面上，用户面朝机尾。

(2)开启遥控器和智能飞行电池。

(3)运行 DJI GS RTK App，选择“飞行”。

(4)等待飞行器状态指示灯绿灯慢闪，使用 GNSS 或 RTK 定位(使用 RTK 时，确保 RTK 功能开关已打开，且 RTK/GNSS 信号强度图标显示为 FIX)。执行掰杆动作，启动电机。

(5)往上缓慢推动油门杆，让飞行器平稳起飞。

(6)需要下降时，缓慢下拉油门杆，使飞行器缓慢下降于平整地面。

(7)落地后，将油门杆拉到最低的位置并保持 3 秒以上直至电机停止。

(8)停机后依次关闭飞行器和遥控器电源。

8. 作业采集

以摄影测量作业为例，使用 DJI GS RTK App 设置可使无人机进行自动摄影测量采集作业。

(1) DJI GS RTK App 主界面中点击“规划”，选择“摄影测量”。

(2)点击地图添加作业区域顶点，拖动可更改位置。

(3)设置：飞行高度、速度、完成动作、相机设置、高级设置。

(4)点击“保存”，添加名称，点击“确定”。

(5)调用作业。

(6)设置相机参数。

(7)点击“执行”。

(8)滑动滑块以自动执行测绘作业。

9. 飞机工作状态监测

将遥控器天线切面面向飞行器，以获得最佳信号。电池电量不足可以手动结束任务，更换电池后继续执行作业。随时准备处理应急状况。

10. 无人机降落

无人机按设定路线飞行航拍完毕后，根据规划设置，默认自动返航。遥控操作手到指定地点待命。

11. 数据导出检查

降落后，将 SD 卡中的图片导入电脑进行建图。

12. 设备整理

检查飞机及遥控器剩余电量，更换收纳电池。

将飞机与遥控器收纳整理装入箱内指定位置。

附录 6　正射影像图(DOM)制作

本附录将介绍当前主流摄影测量工具，如 Agisoft Metashape、Bentely Context Capture 与 Pix4D 正射影像图(DOM)制作的流程。

一、Metashape 正射影像图(DOM)生产流程

Metashape(原名 Photoscan)是 Agisoft 公司设计的一款独立的软件产品，可对数字图像进行摄影测量处理，并生成 3D 空间数据，以运用于 GIS 应用、文化遗产归档、视觉效果制作，以及间接测量各种规模的对象等。Metashape 可将来自 RGB、热成像或多光谱相机的图像处理成密集点云，带纹理的多边形模型，具有地理信息的真正射影像和 DSM/DTM 等空间信息产品，并生成详细的处理报告。支持建模后处理，可以从模型中消除阴影和纹理伪影，计算植被指数并提取农业设备动作图的信息，自动对密集点云进行分类等。Metashape 具有自动化高、易于操作、分布式处理等特点，支持多种格式影像的输入以及工程文件的导入导出操作，可生产正射影像、数字高程图、三维实景模型等摄影测量产品。基于 Metashape 的正射影像图处理流程如下。

1. 设置首选项

(1)如附图 6-1 所示，在“一般/General”选项卡中设置以下参数值。

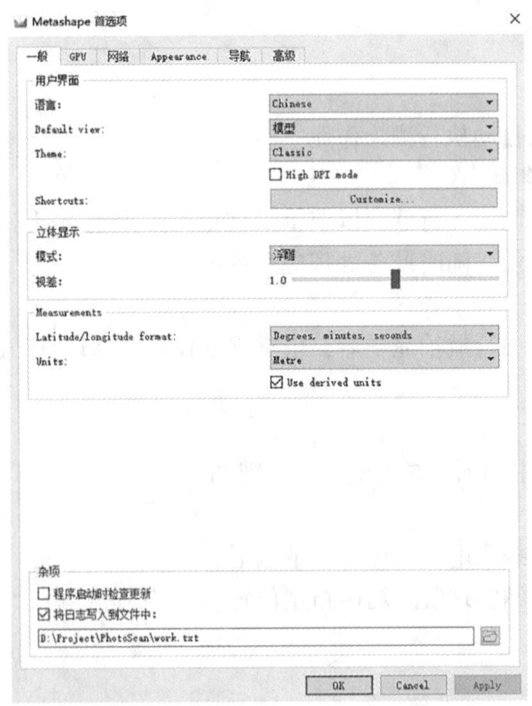

附图 6-1　Metashape 首选项“一般”选项卡

语言：Chinese 或 English。

立体模式：浮雕[若显卡支持四重缓冲立体技术(Quad Buffered Stereo)，可选择硬件]。

立体视差：1.0。

(2)如附图 6-2 所示，在“GPU”选项卡中设置以下参数值。

在对话框中检查 Metashape 检测到的所有 GPU 设备，如果使用的 GPU 少于两个时，勾选“使用 GPU”选项。

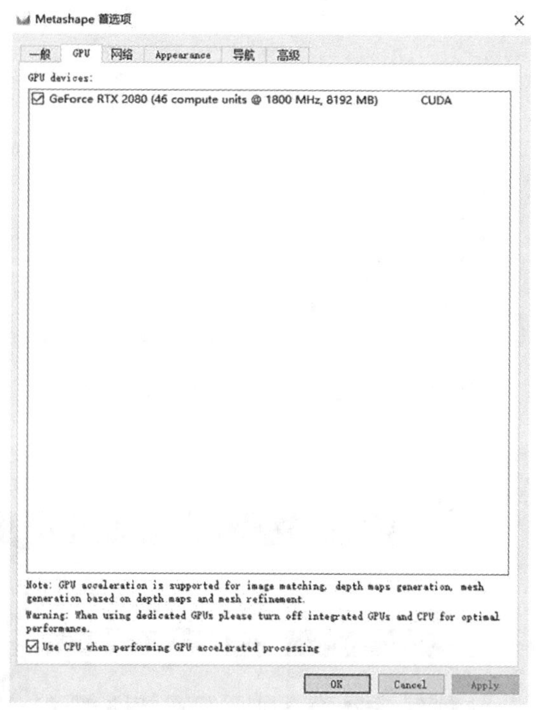

附图 6-2　Metashape 首选项“GPU”选项卡

(3)在“高级”选项卡中设置以下参数值，如附图 6-3 所示。

保留特征点(Keep key points)：启用。

保留深度图：启用。

存储图像的绝对路径：已禁用。

启用 VBO 支持：启用。

2. 影像导入

(1)从“工作流”菜单中选择“添加照片”命令，或在“工作区”窗格上单击“添加照片”工具栏按钮。

(2)在“添加照片”对话框中，浏览到包含图像的文件夹，选择要处理的文件，然后单击“打开”按钮，如附图 6-4 所示。

(3)选定的图像将出现在“工作区”窗格中。

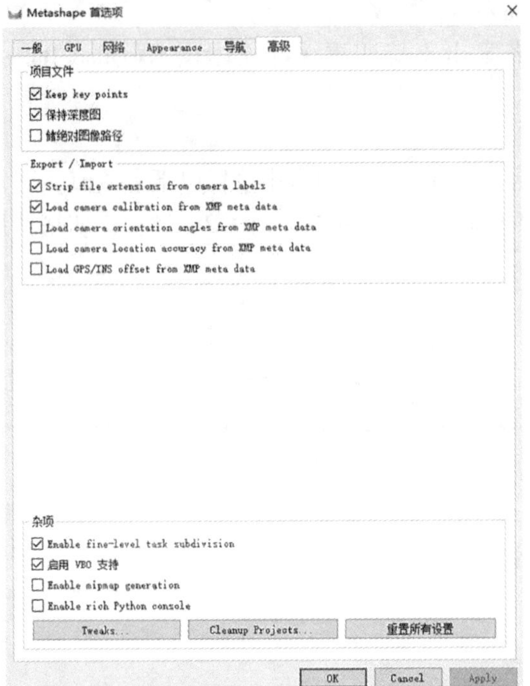

附图 6-3　Metashape 首选项“高级”选项卡

附图 6-4　添加照片

3. POS 信息导入

无人机航摄会记录相机成像时刻的坐标信息，通常以“＊.csv”“＊.xlsx”“＊.txt”等文件格式进行存储。将影像数据导入 Metashape 后，在“参考”中通过“导入”功能手动加载每幅影像的坐标参考信息。

如附图 6-5 所示，选中导入影像对应的坐标参考文件并“打开”，在弹出的对话框中(附图 6-6)选择正确的分隔符(如 CSV 文件每列以逗号分隔)，选择标签、精度、纬度、海拔高度、旋转角(Omega，Phi，Kappa)对应的列号，确认文件中的起始行数。附图 6-6 中，对话框最下方的预览窗口可用来检查参考信息导入的格式是否正确。大疆无人机影像导入后会自动读取坐标，其他的数据可能要考虑坐标系等问题。

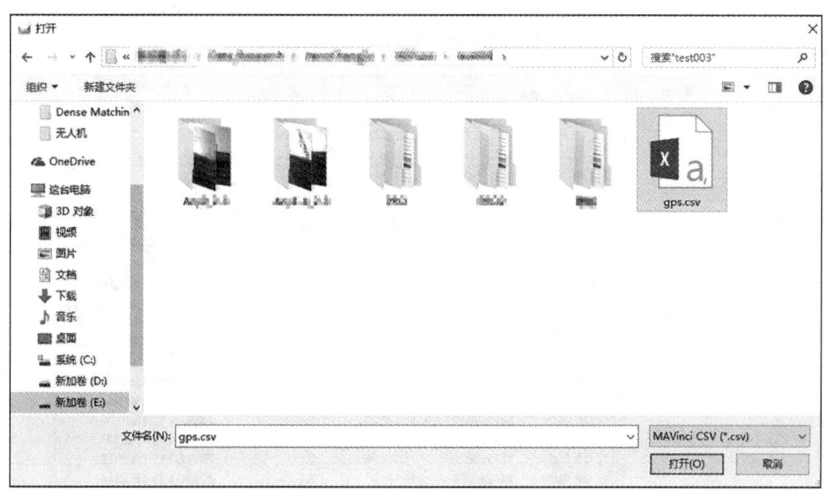

附图 6-5　选择导入坐标参考文件

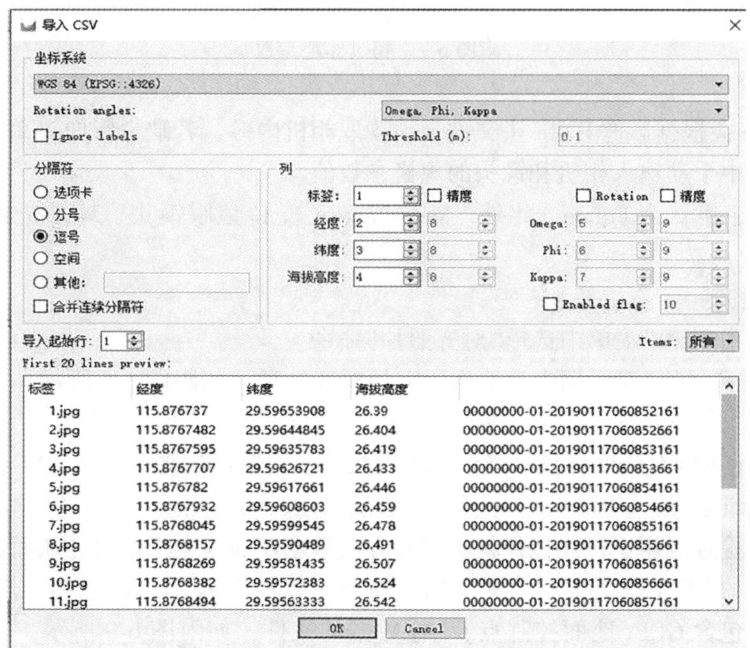

附图 6-6　导入坐标文件选项

4. 相机校准

点击“工具”(Tools)菜单栏中的“摄像机校准”(Camera Calibration)功能，弹出“相机标定”对话框，如附图 6-7 所示。

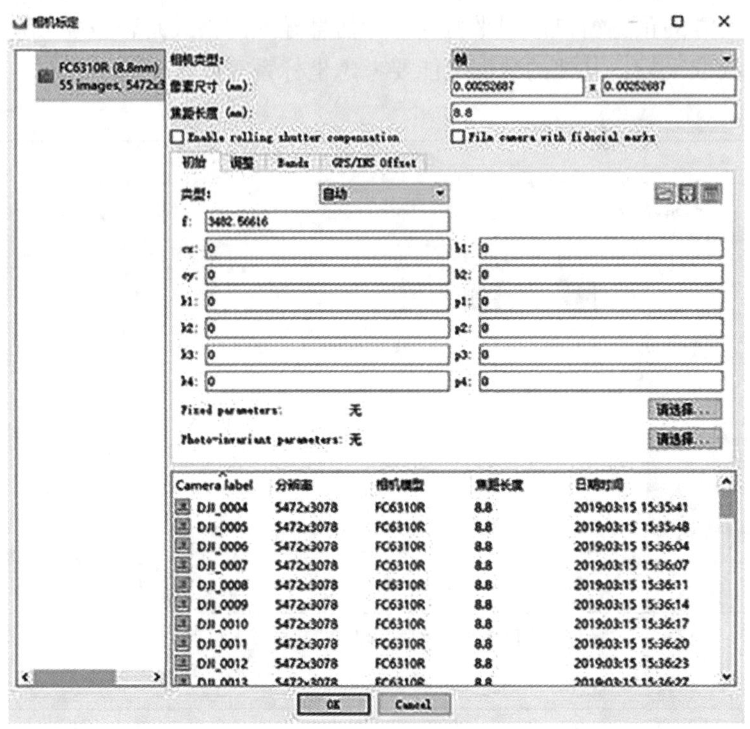

附图 6-7　相机标定参数

Metashape 会根据影像 EXIF 头文件自动读取相机内参，若缺少影像头文件信息，可在相机校准窗口中手动输入相机和镜头的规格参数值。

相机类型：默认为 Frame。此外，Metashape 还支持鱼眼镜头、球星全景、柱形全景类型的影像。

5. 影像对齐

(1)从“工作流程”菜单中选择“对齐照片”命令。

(2)在“对齐照片”对话框中，选择所需的对齐选项，如附图 6-8 所示。完成后，单击“OK”按钮。

(3)将显示进度对话框，显示当前的处理状态。要取消处理，请单击“Cancel”按钮。

6. 导入标记坐标

控制点与检查点用于优化摄像机位置和方向数据及检验空三结果，从而获得具有更加精确地理坐标的 DOM 等产品。选择“参考”窗格工具栏上的“导入”按钮，然后在“打开”对话框中选择包含 GCP(地面控制点)坐标数据的文件，如附图 6-9 所示，根据文件结构指定分隔符的类型，并选择要导入的起始行。通过设置“列”部分中的列号，来调整对话框下部窗格中对应参数的正确位置。在“坐标系统”中，用于控制点标记指定有效坐标系。

在“Items”中选择标记，在“导入 CSV”对话框的样本数据字段中检查所做的设置。单击“OK”，数据将加载到“参考”窗格中。

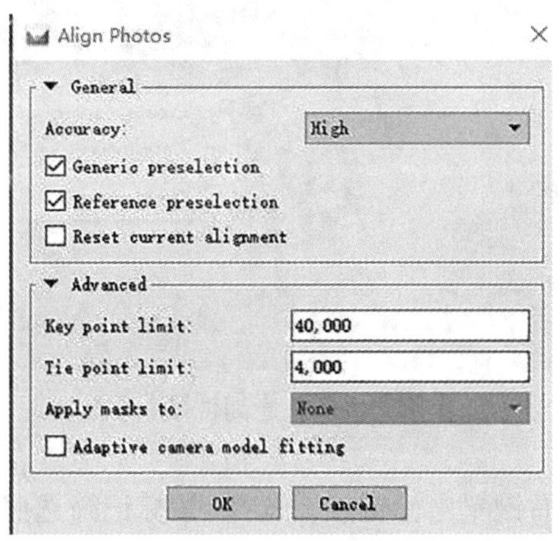

附图 6-8　对齐照片

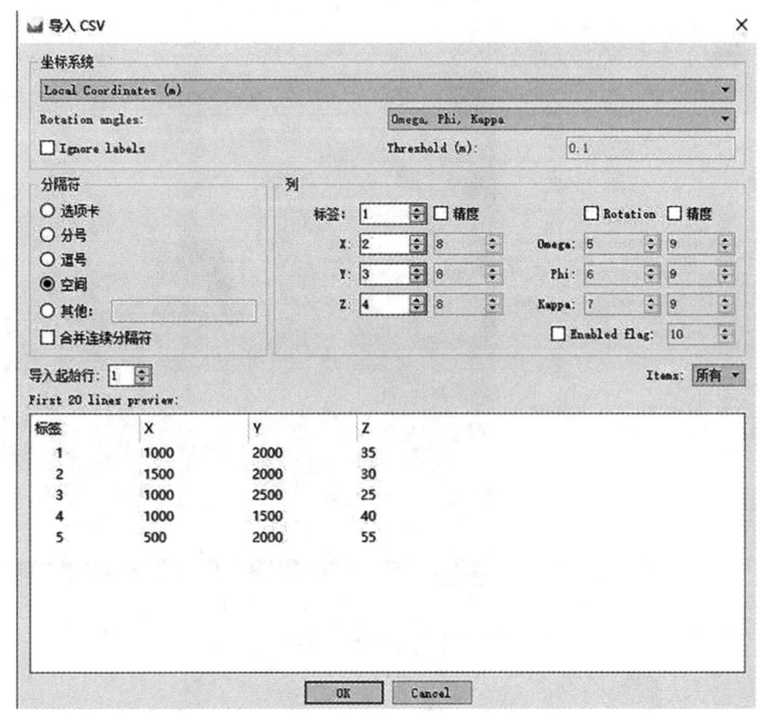

附图 6-9　导入标记坐标

7. 添加标记点

若需要手动添加标记点，在“照片”窗格中找到具有 GCP(地面控制点)图标的照片，双击打开照片，在视图窗格中查看。放大照片以便找到 GCP 图标，在照片上右键单击，选择“创建标记”命令，并移动标记放置在 GCP 图标点上，如附图 6-10 所示。

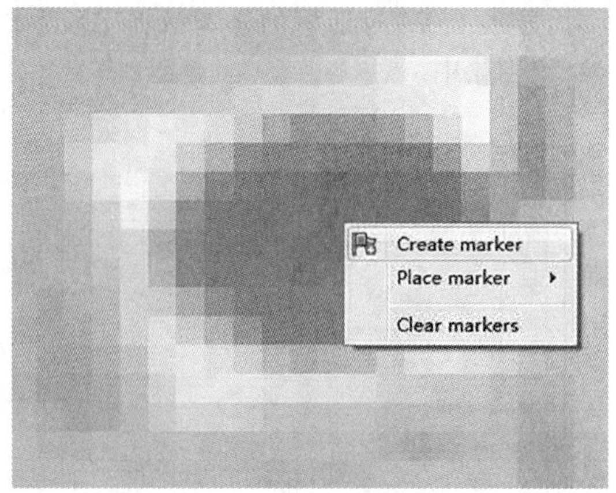

附图 6-10 添加标记点

在“工作区”窗格中，右键单击标记点，选择“按标记筛选照片”命令，在“照片”窗格中筛选出具有相应标记点的照片，如附图 6-11 所示。

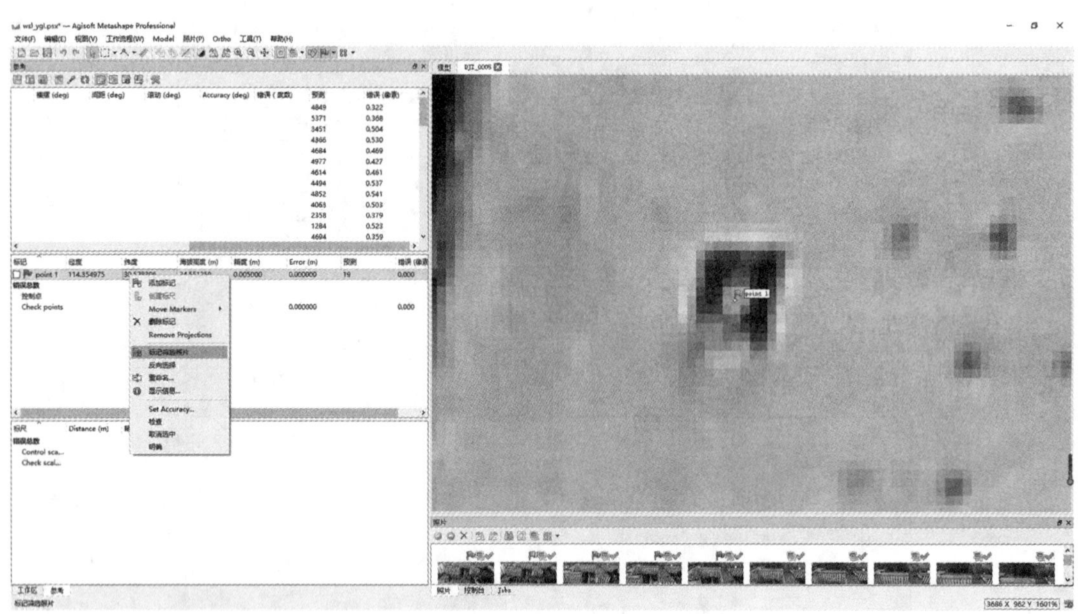

附图 6-11 编辑标记点

“照片”窗格会根据空三结果将所有输入包含该标记点的影像筛选出来并注明。打开每张具有创建相应标记点的照片，检查软件预测位置与真实标记点是否重合，对需要调整位置的标记点，按住鼠标左键并拖动标记点到 GCP(地面控制点)图标的正确位置上。点击“保存”。

8. 优化相机对齐

根据更加精确的控制点地理坐标，通过优化相机对齐可在计算相机内外参数以及校正可能的失真时获得更高的准确度。单击“参考”窗格中的“设置”，在“参考设置”对话框中，根据相机位参以及控制点坐标分别选择相应的坐标系，如附图 6-12 所示。

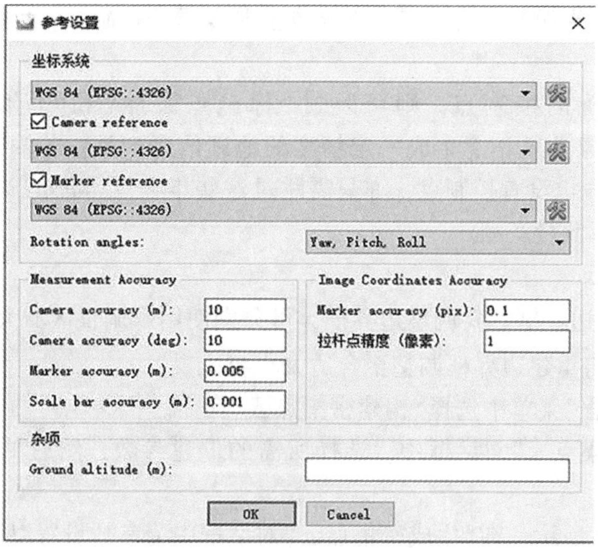

附图 6-12　标记点参考设置

在“测量精度”部分中根据控制点真实精度进行参数设置，并检查是否选择了与用于检查 GCP 系统相对应的有效坐标系，这些精度一般是默认值，若要修改就根据实际的精度进行设定。单击“OK”。

标记点全部添加完成后，通过勾选“参考”面板上标记前面的方框，将该点确认为控制点(Control Points)，将控制点标记处的方框依次勾选，其余未勾选的 Metashape 会设置为检查点(Check Points)。

选择“参考”窗格工具栏上的“优化”，如附图 6-13 所示。选择要优化的摄像机参数。单击“OK”进行优化。

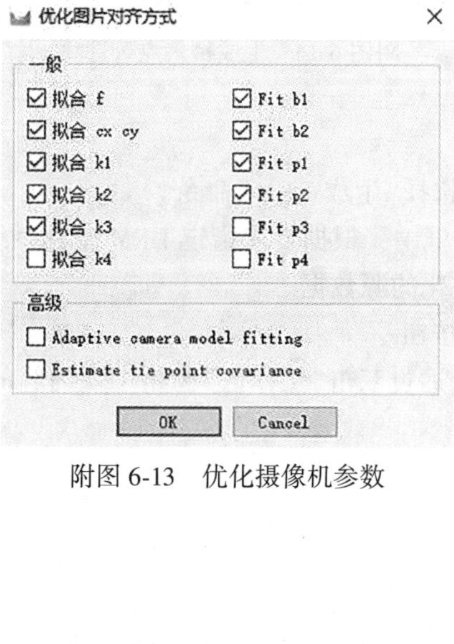

附图 6-13　优化摄像机参数

优化相机对齐后，在“参考”面板中，Metashape 会显示每个标记的误差值，并统计控制点与检查点的均方根误差。点击“参考面板”中的“查看错误”工具可查看每个标记在 *X*、*Y*、*Z* 轴方向上的误差，若误差值超限，需继续调整控制点位置再进行优化相机对齐，直至精度满足要求。如果误差一直超限，则检查控制点是否正确、精度是否达标。点击“保存”。

若没有更加精确的控制点，则可跳过“标记点添加”和“优化相机对齐”步骤，Metashape 会根据影像 POS 信息生成一定精度的地理信息产品；若输入给 Metashape 的影像既缺少 POS 信息，也没有控制点，亦只需跳过这些步骤，Metashape 可以生成在自由尺度与坐标系下的摄影测量产品。

9. 生成密集点云

(1)选中重建体边界框。要调整边界框，可分别使用调整区域大小，使用移动区域和旋转区域，将重建边界框调整至合适大小与位置。

(2)在“工作流程”菜单中选择“构建密集点云”命令。

(3)在“构建密集点云”对话框中，选择所需的重建参数，然后单击“确定”按钮进行重建。

(4)如附图 6-14 所示，在“生成密集点云”对话框中为参数设置以下建议值。

质量：中等(密集点云过程对电脑配置要求较高，质量越高，占用的计算机资源越多，耗时越长；质量越差，则处理时间越快)。

深度过滤：进取。

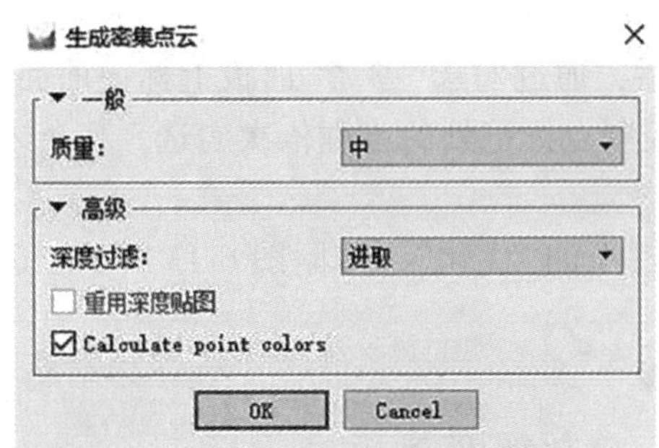

附图 6-14　生成密集点云选项

10. 生成 DEM

(1)从“工作流”菜单中选择“生成 DEM”命令。

(2)在“生成 DEM”对话框中，根据要求指定 DEM 坐标系统。

(3)选择用于 DEM 栅格化的源数据。

(4)完成后单击“确定”按钮。

DEM 生成结束后，可以通过双击“工作区”窗格中块内容的 DEM 标签视图窗口查看重建模型，如附图 6-15 所示。

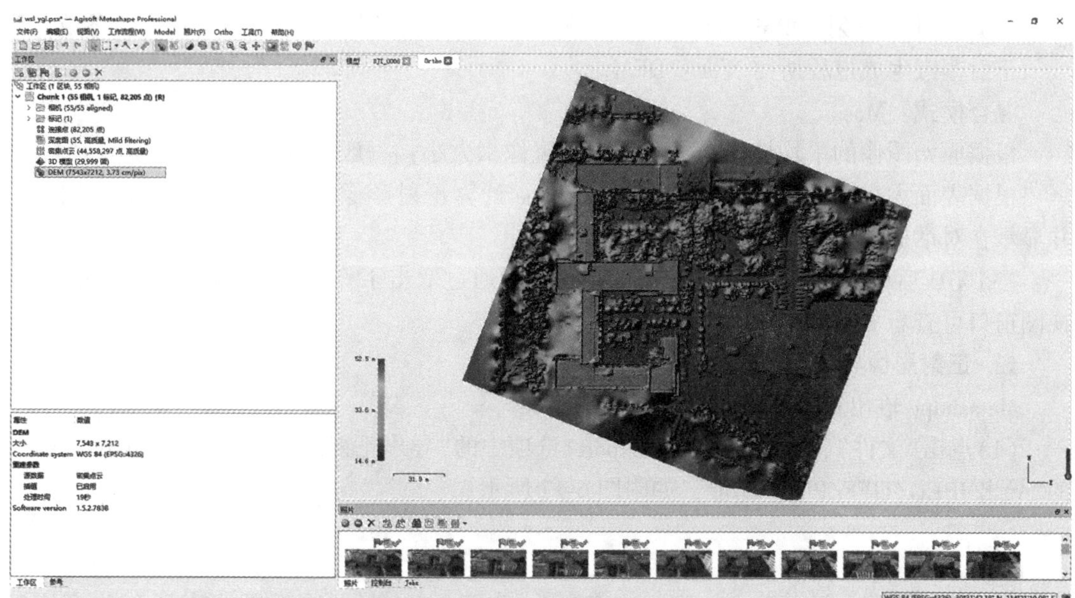

附图 6-15　DEM 显示

11. 生成 DOM

(1)从“工作流”菜单中选择“生成正射”命令，弹出对话框如附图 6-16 所示。

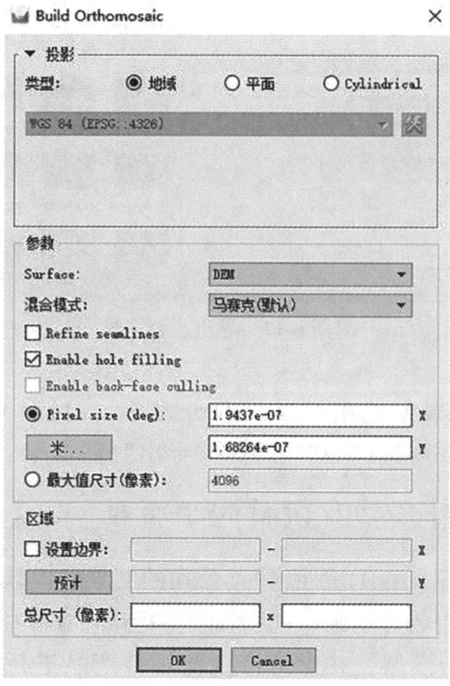

附图 6-16　生成正射影像选项

(2)在“生成正射”(Build Orthomosaic)对话框中，为正射影像图设置正射影像参数。

正射镶嵌生成过程所需表面：DEM。

混合模式：Mosaic。

根据原始图像的平均地面采样分辨率设置像素大小：一般默认。

根据表面大小和输入像素大小，Meteashape 计算正射影像的总大小(以像素为单位)，并显示在对话框的底部。

(3)完成后单击“OK”按钮。生成的正射影像通过双击工作区窗格中的 DOM 标签，在视图窗口可查看 DOM 结果。点击“保存”。

12. 正射影像导出

Metashape 输出正射影像的步骤。

(1)点击“文件”，选择“导出”(Export)选项中的“导出正射影像”(Export Orthomosaic)的“导出 JPEG/TIFF/PNG”功能，如附图 6-17 所示。

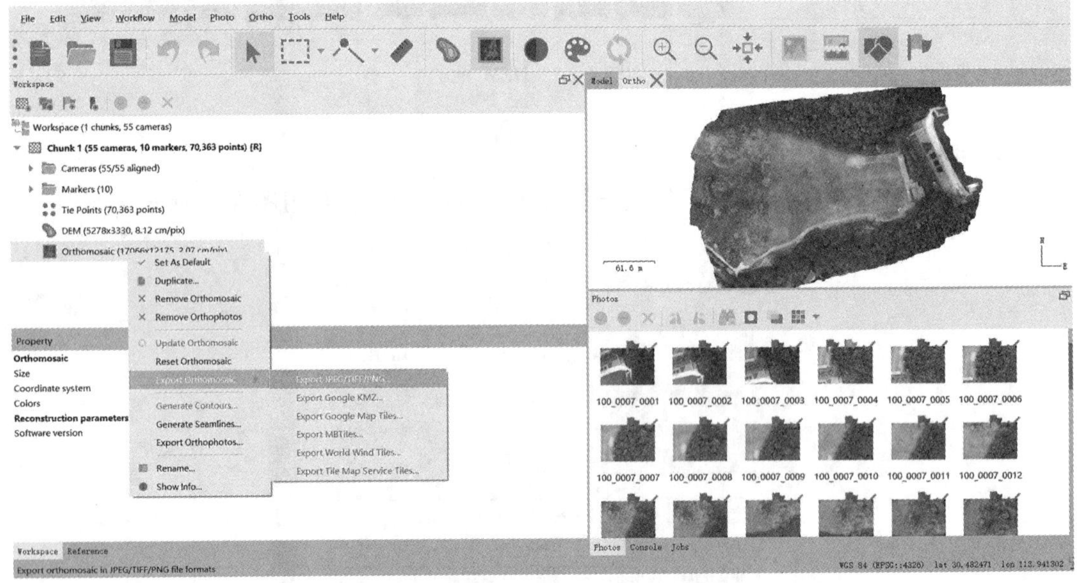

附图 6-17　导出正射影像

(2)在弹出的窗口内根据输出标准修改分辨率、勾选“Write World file”与“Write BigTIFF file”，不勾选“Write tiled TIFF”，选择“导出”(Export)，如附图 6-18 所示。

二、Context Capture 正射影像图(DOM)生产流程

Context Capture(原名 Smart3D)是 Bentley 公司的实景建模软件，软件支持来自不同相机和传感器的图像输入，可创建动画、视频和漫游场景，在三维模型基础上可以进一步生成 2D/3D GIS 模型或 CAD 模型，并支持将这些三维产品进行在线发布。此外，Context Capture 具有卓越的集群能力，完整的重建任务可分布至多台计算机进行并行处理，大幅度提升了大场景三维建模处理的效率。

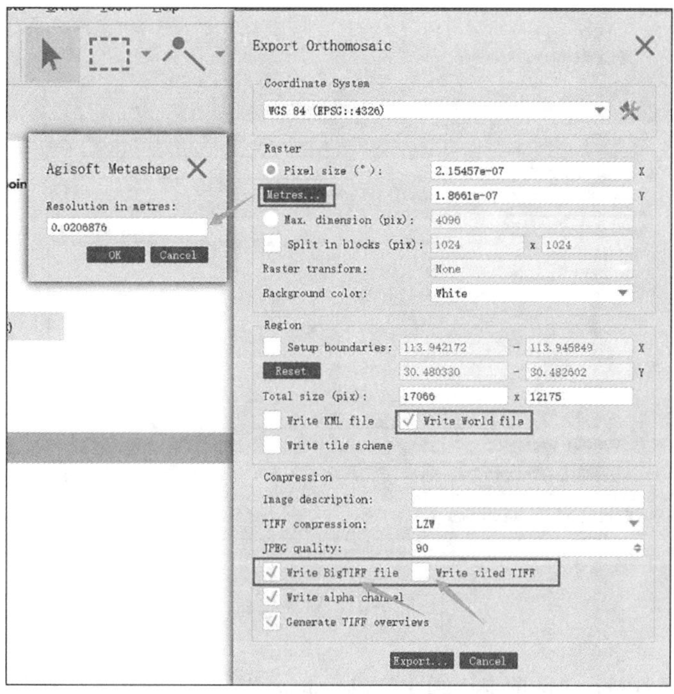

附图 6-18　导出正射影像选项

1. 新建项目

首先，双击启动 Context Capture Engine；然后双击运行 Context Capture Master，单击“New project...”新建项目，如附图 6-19 所示。

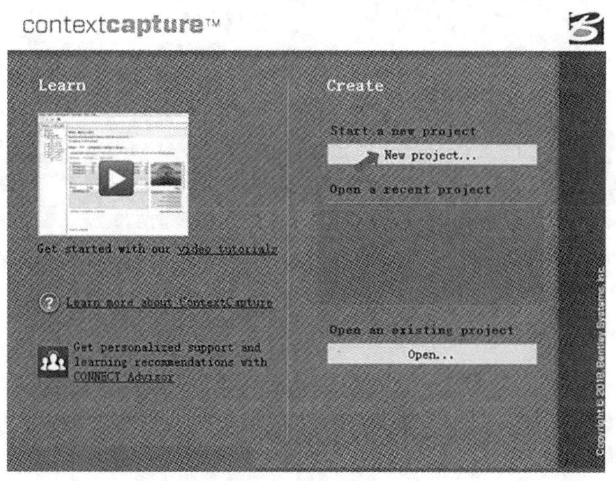

附图 6-19　新建项目按钮

在“Project name”中输入项目名称，在“Project location”中选择存储路径，点击“OK”，

如附图 6-20 所示。

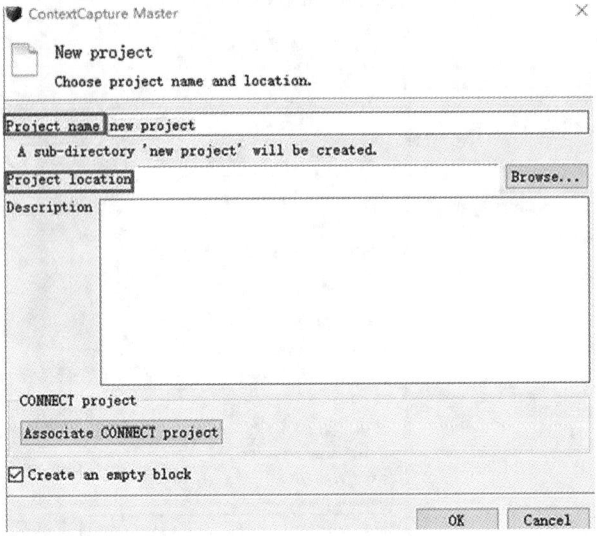

ContextCapture Master

New project

Choose project name and location.

Project name　new project

A sub-directory 'new project' will be created.

Project location　Browse...

Description

CONNECT project

Associate CONNECT project

☑ Create an empty block

OK　Cancel

附图 6-20　新建项目

在主界面选择“Photos”选项卡，单击“Add photos”，导入建模所需像片，如附图 6-21 所示，点击“OK”。软件可自动读取影像的内外参数信息，若没有，可在主界面进行手动输入。

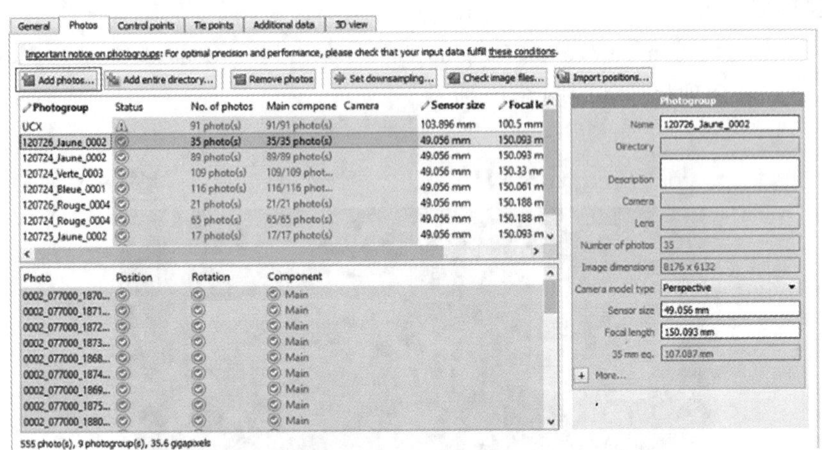

附图 6-21　添加像片

单击“Check image files”，检查照片文件是否无误。

2. 空中三角测量

单击“General”选项卡中的“Submit aerotriangulation”，提交空三运算，如附图 6-22 所示。

弹出空三设置选项卡，可在“Output block name”栏中修改空三项目名称，点击

“Next”，如附图 6-23 所示。

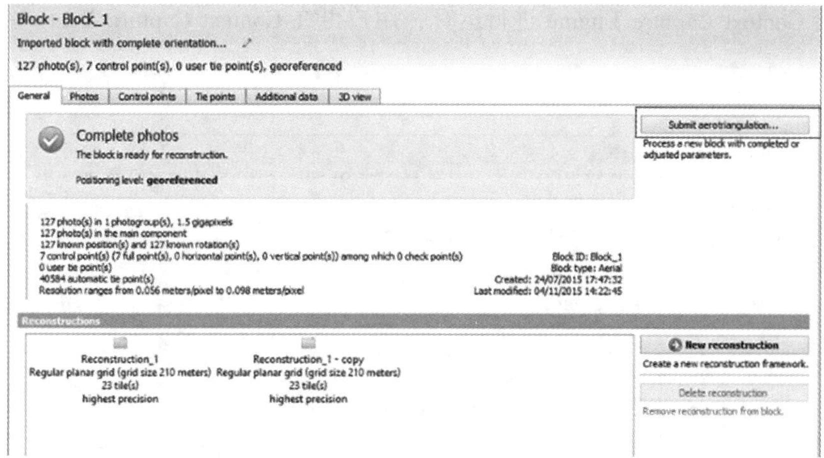

附图 6-22　“General”选项卡

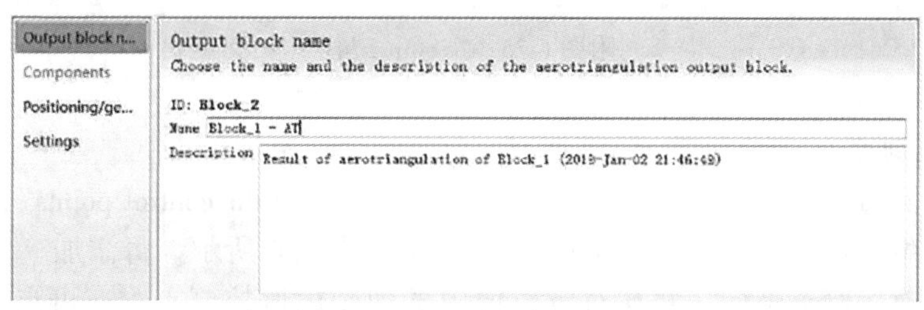

附图 6-23　修改空三项目名称

设置“Positioning/georeferencing”选项，如附图 6-24 所示，对于缺少影像 POS 信息与控制点数据的情况，可勾选“Arbitrary”或“Arbitrary vertical”；若影像为大疆无人机照片等包含外方位元素信息，默认勾选即可，点击“Next”。

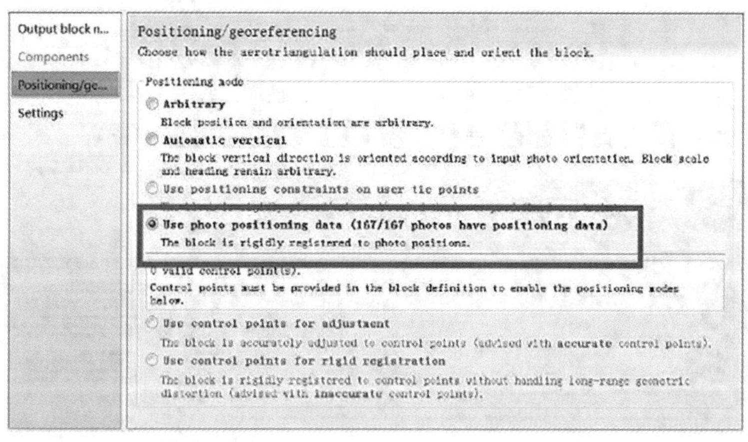

附图 6-24　“Positioning/georeferencing”选项

在“Settings”栏中设置其他参数，一般默认设置，可根据实际需求进行相应修改，如附图 6-25 所示，单击“Submit”，提交空三运算。Context Capture Master 会将空中三角测量任务交付给 Context Capture Engine 进行运算，用户可在 Context Capture Master 主界面中查看运算进度。

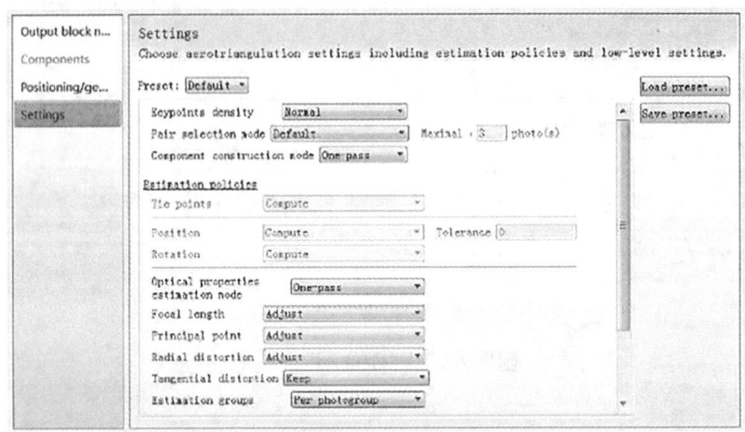

附图 6-25　“Settings”栏

3. 添加控制点

空中三角测量完成后，点击“Surveys”选项卡，单击“Edit control points”，可在控制点编辑器中进行像控点添加与坐标系确认工作，如附图 6-26 所示。每添加一个控制点，在控制点栏中修改控制点坐标，并在对应影像中准确刺出该控制点。亦可点击“File”中的“Import”批量导入控制点坐标信息再进行刺点。点击“File”菜单栏的“Save”进行保存，并关闭控制点编辑器，结束控制点添加任务。

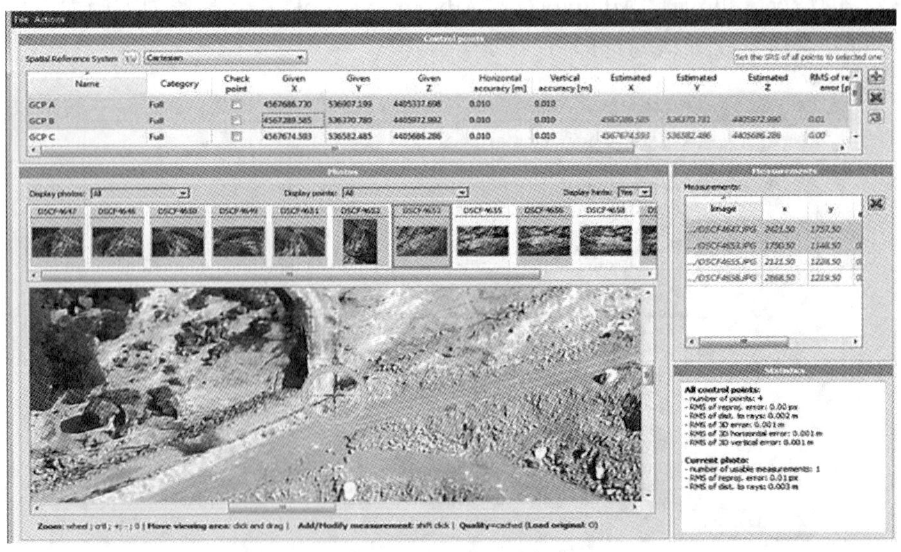

附图 6-26　控制点编辑器

完成控制点添加后，重复提交空中三角测量任务，空三加密完成后再次打开“Surveys”选项卡中的控制点编辑器，检查参与平差的控制点与检查点是否超限，若符合要求，则可关闭编辑器进行三维密集重建任务；否则，修改控制点与检查点刺点，重复提交空中三角测量任务，直至精度满足要求。在空中三角测量完成后，可在“3D view”选项卡中查看稀疏点云、控制点位置与影像位置和姿态的可视化结果，如附图 6-27 所示。

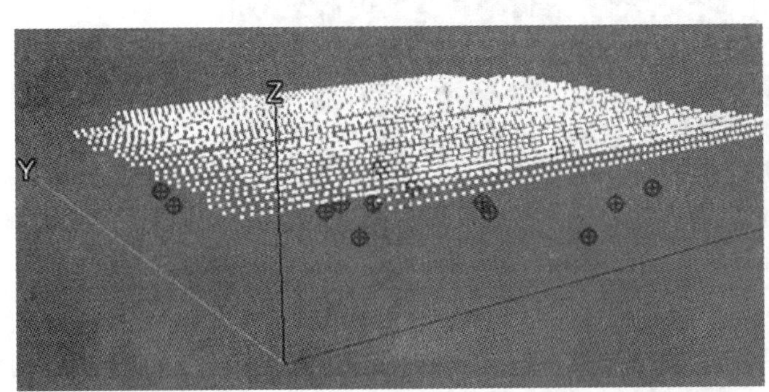

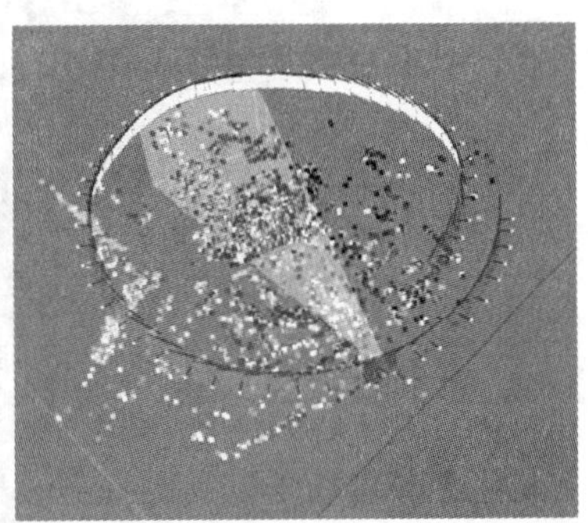

附图 6-27　控制点位置与影像位置、姿态的可视化

4. 三维模型构建

空三运算结束后，单击“New reconstruction”，开始构建三维模型，如附图 6-28 所示。

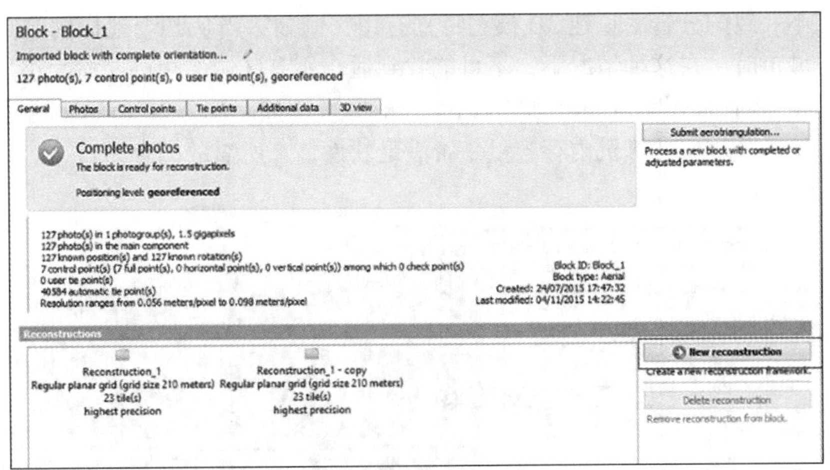

附图 6-28　构建三维模型

点击“Spatital framework”选项卡，进行“region of interest”与“tiling”设置。

region of interest：定义重建的最大面积。默认情况下，感兴趣区域会自动聚焦在具有显著分辨率的区域：在每张照片中，会计算块连接点分辨率的统计数据，并选择分布核心中的点。若需要人工修改，点击 按钮，并在右方视图中拖动边界框，调整三维重建的范围，如附图 6-29 所示。

附图 6-29　调整三维重建范围

对于重建场景较大的任务，若不对重建范围进行瓦片分割，计算机内存可能无法完成重建任务。瓦片分割的方式主要有四种。

No tiling(不分割)：不细分重建。

Regular planar grid(规则的平面网格)：沿着 *XY* 平面将重建划分为正方形切片。

Regular volumetric grid(规则的体积网格)：将重建划分为立方体。

Adaptive tiling(自适应切片)：自适应地将重建细分成方框，以满足目标内存使用。这对于以高度不一致的分辨率重建 3D 模型特别有用，例如，当从几个地标的航空图像和地面图像重建城市时，在这种情况下，不可能找到适合所有区域的规则网格大小。

一般选择“Regular planar grid”进行瓦片分割即可，如附图 6-30 所示，通过调整分块数量参数，检查分块后计算机内存容量是否满足软件估算所需的内存。

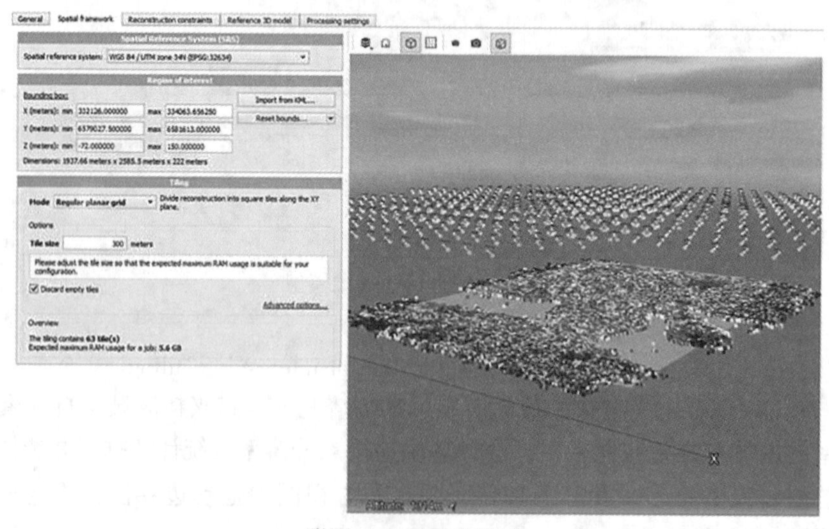

附图 6-30　瓦片分割

单击“General”选项卡中的“Submit new production”，提交密集重建任务，如附图 6-31 所示。

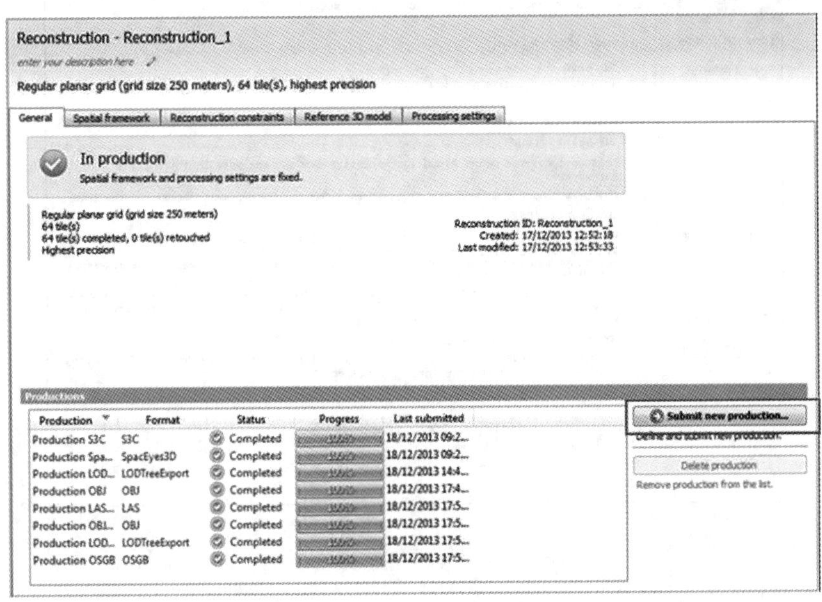

附图 6-31　提交密集重建任务

在重建参数选项卡中，在“Name”栏对重建产品进行命名，如附图 6-32 所示，点击“Next”。

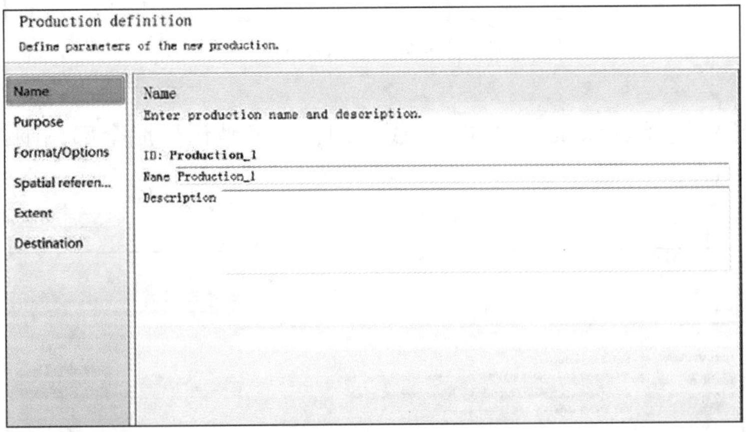

附图 6-32　密集重建

在“Purpose”栏中勾选“Orthophoto/DSM”(正射影像/数字地表模型)，如附图 6-33 所示，点击“Next”。

在“Spatial reference system”中选择产品输出坐标系，如附图 6-34 所示，点击“Next”。

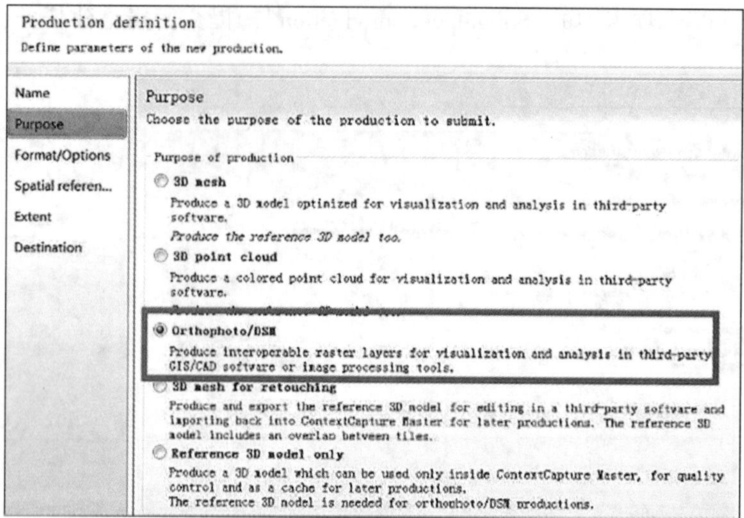

附图 6-33　重建选项

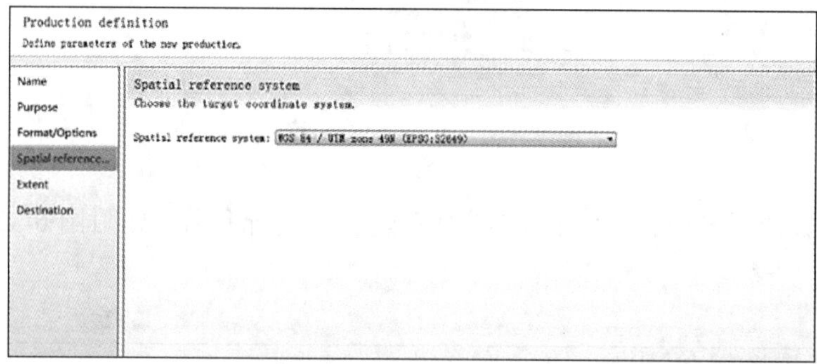

附图 6-34　坐标系选项

在“Extent”中选择 Orthophoto/DSM 生成范围，一般默认生成全部范围，如附图 6-35 所示，点击“Next”。

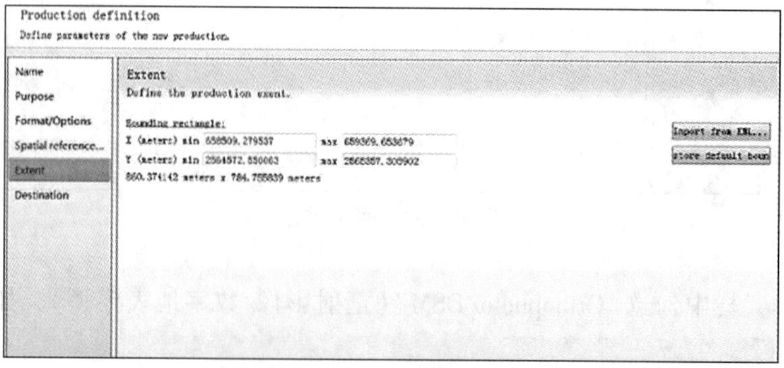

附图 6-35　生成范围选项

在“Destination”中选择输出路径，点击“Submit”。Context Capture Master 会将密集重建任务交付给 Context Capture Engine 进行运算，如附图 6-36 所示。

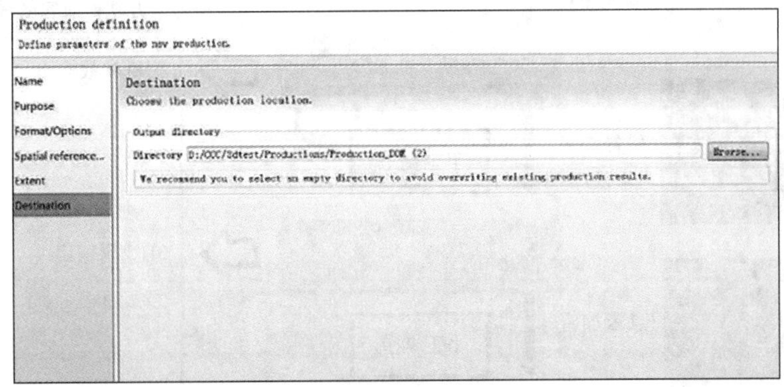

附图 6-36　输出路径

Context Capture Engine 完成重建任务后，可通过 ArcGIS 等软件查看，亦可通过 Global Mapper 工具进行正射影像编辑，如附图 6-37 所示。

附图 6-37　正射影像查看

三、Pix4D 正射影像图(DOM)生产流程

Pix4D 是一款专业的无人机测绘和摄影测量软件，通过转换从无人机、手持设备或飞机拍摄的影像，生成高精度的带地理坐标的二维地图和三维模型。软件集全自动、快速、专业精度的无人机数据和航空影像处理于一体，帮助用户实现云计算功能，快速地生成最精准的报告。软件还拥有自动正射影像的功能，从而能够自动进行三维建模，可以在多个行业应用中实现航拍监控与数据分析任务，其数据处理步骤如附图 6-38 所示。

1. 原始资料准备

原始资料准备包括影像数据、POS 数据以及控制点数据。需确认航拍坐标系，确认原始数据的完整性，检查获取的影像中有没有质量不合格的像片。同时查看 POS 数据文件，主要检查航带变化处的像片号，防止 POS 数据中的像片号与影像数据像片号不对应，若出现不对应情况应手动调整。

输入照片
导出
和第三方软件兼容的成果
步骤1
初始化处理
相机参数输出
稀释点云
手工调节
步骤2
点云和纹理
3D成果输出
点云加密
手工调节
步骤3
DSM, 正射影像图和指数图
2.5和2D成果输出

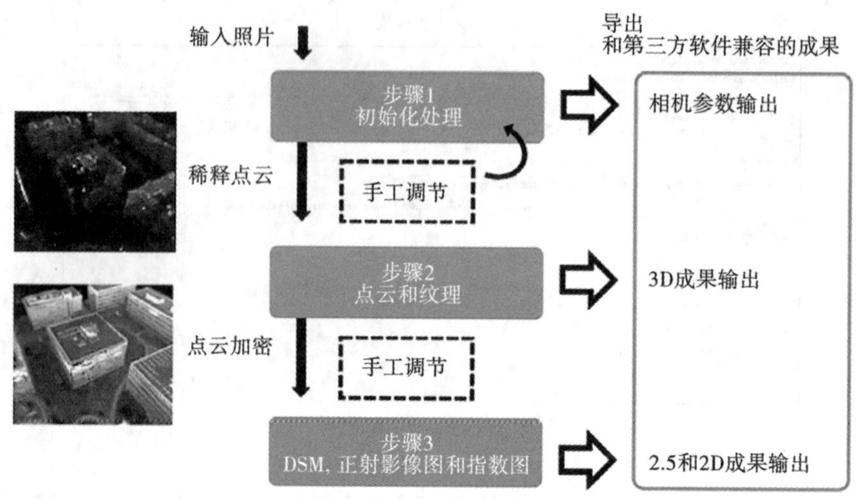

附图 6-38　Pix4D 处理步骤

2. 建立工程及数据导入

打开 pix4dmapper，选择“项目”→“新项目”，如图 6-39 所示，选上航拍项目，然后输入项目名称(不能包含中文)，并设置路径。勾选新项目，然后选择下一步。

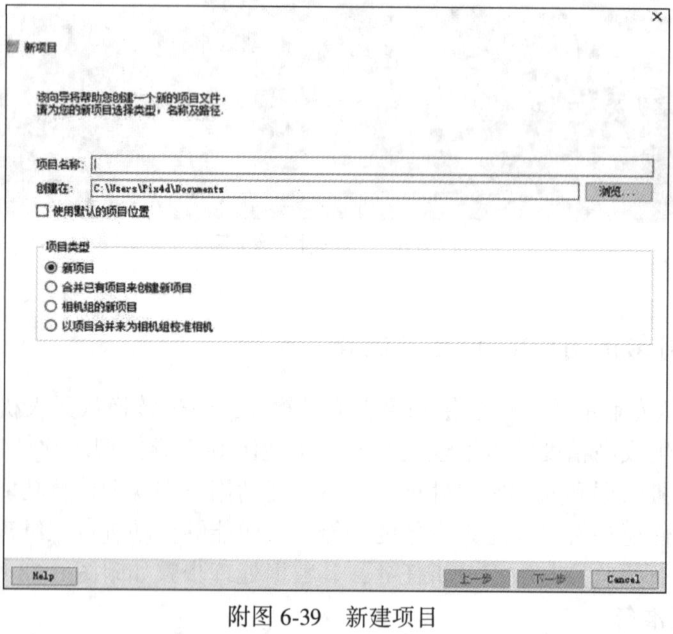

新项目
该向导将帮助您创建一个新的项目文件，
请为您的新项目选择类型，名称及路径.
项目名称:
创建在:
C:\Users\Pix4d\Documents
浏览...
使用默认的项目位置
项目类型
新项目
合并已有项目来创建新项目
相机组的新项目
以项目合并来为相机组校准相机
Help
上一步
下一步
Cancel

附图 6-39　新建项目

点击“添加图像”，选择加入的影像。设置影像路径(不要包含中文)，如附图 6-40 所示，点击“Next”。

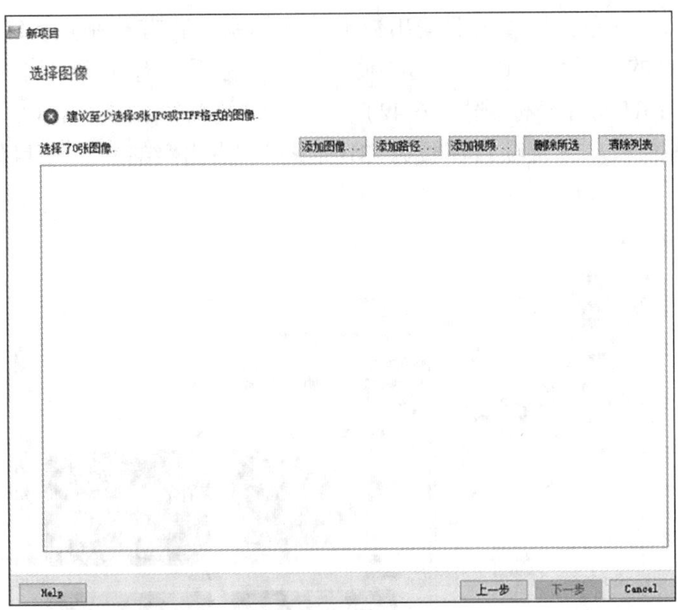

附图 6-40　添加图像

3. 设置影像属性

(1)图像坐标系：默认为 WGS-84(经纬度)坐标。

(2)地理定位和方向：设置 POS 数据文件，点击“从文件选择 POS 文件”。

(3)相机型号：设置相机文件。通常软件可自动识别影像相机模型。

确认各项设置后，如附图 6-41 所示，点击“Next”进入下一步。

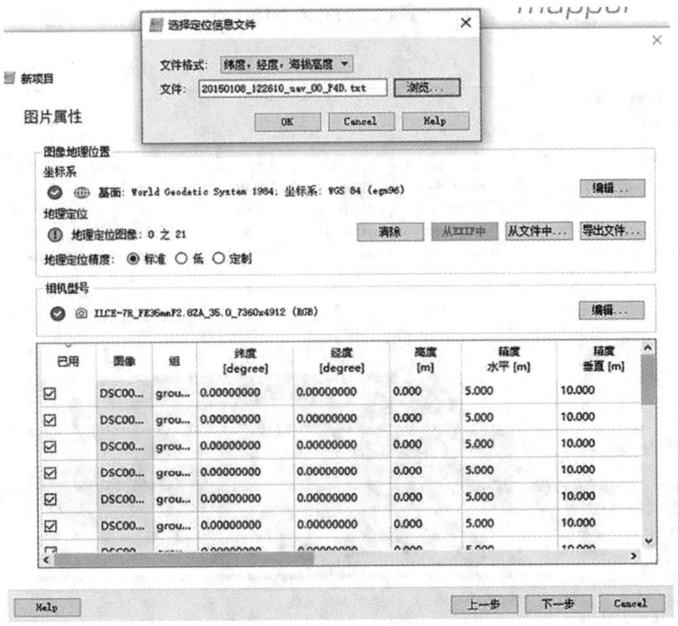

附图 6-41　设置影像属性

(4)选择输出坐标系：设置需要输出数据的坐标系，若有控制点，需要选择输出数据的坐标系和控制点的坐标系一致。若需要使用本地坐标系且有对应 PRJ 文件，可点击“从 PRJ”导入自己的 PRJ 文件坐标(附图 6-42)。

(5)处理选项模板：设置项目模板为“3D 地图”，点击“结束”，项目创建完成。

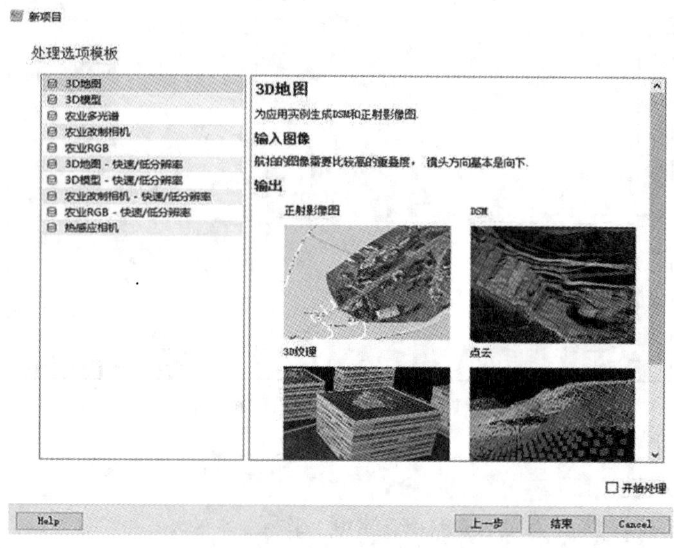

附图 6-42　处理选项模板

4. 控制点管理

外业量测的控制点，可通过手动添加、文件导入以及半自动添加等方式进行管理。

(1)使用平面控制点/手动连接点编辑器加入控制点，如附图 6-43 所示。

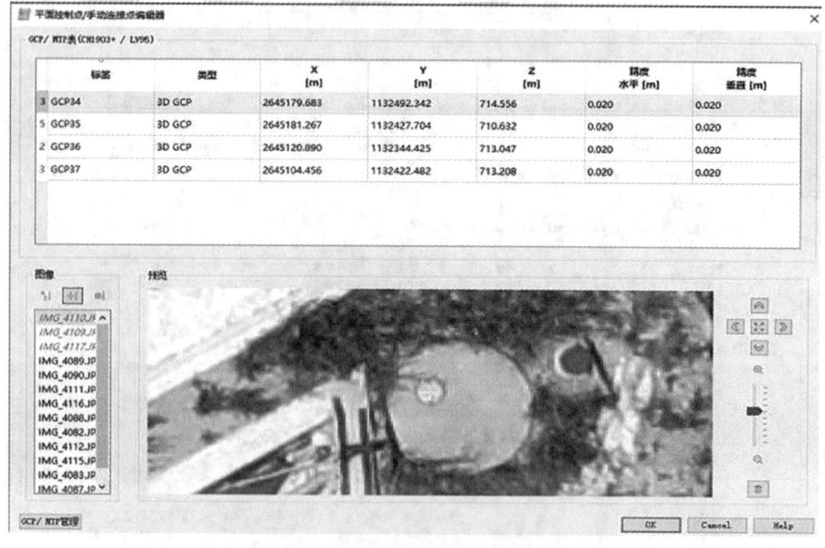

	标签	类型	X [m]	Y [m]	Z [m]	精度 水平 [m]	精度 垂直 [m]
3	GCP34	3D GCP	2645179.683	1132492.342	714.556	0.020	0.020
5	GCP35	3D GCP	2645181.267	1132427.704	710.632	0.020	0.020
2	GCP36	3D GCP	2645120.890	1132344.425	713.047	0.020	0.020
3	GCP37	3D GCP	2645104.456	1132422.482	713.208	0.020	0.020

附图 6-43　控制点编辑器

这种方法需要逐像片刺出控制点，一般首先确定一个控制点的大体位置，然后推断出像片编号，并在这张像片相邻像片中进一步刺点。

(2)导入控制点：点击“GCP/MTP 管理”，点击“导入控制点”，选择控制点文件，如附图 6-44 所示，文件格式可以为 *.txt 或 *.csv，点击“OK”；然后通过刺点将导入的控制点和图像进行关联。

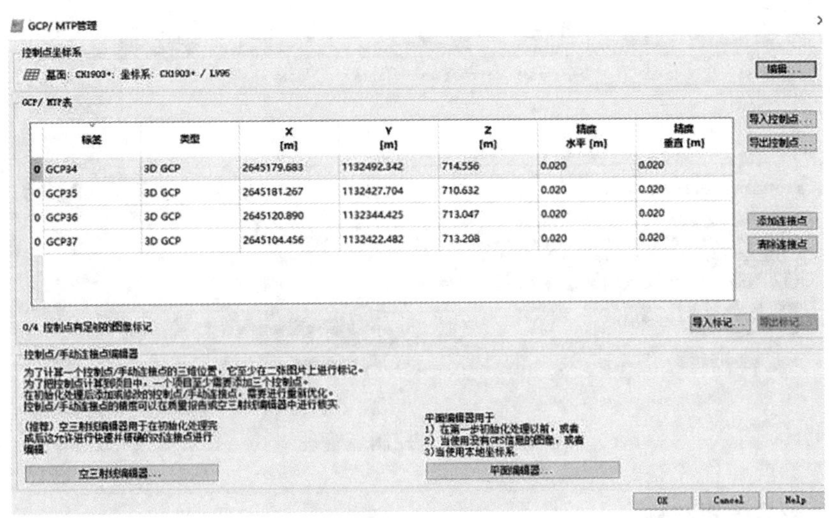

附图 6-44　导入控制点

(3)在 RayCloud 编辑器上添加控制点：点击左侧栏中“本地处理”，勾选“初始化处理”(“点云和纹理”与“DSM，正射影像和指数”不勾选)，如附图 6-45 所示，点击“开始”运行。

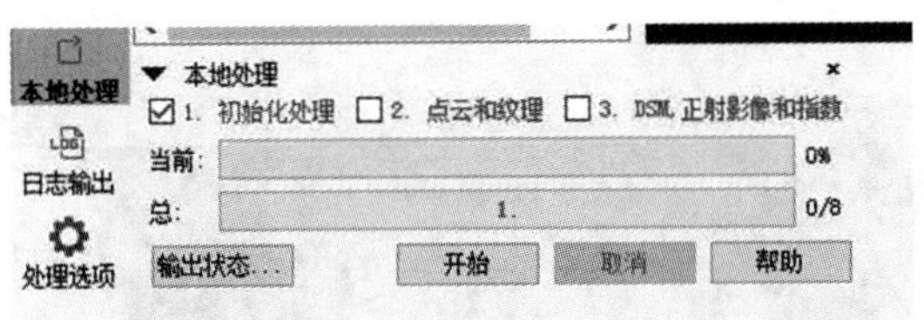

附图 6-45　在 RayCloud 编辑器上添加控制点

点击“GCP/MTP 管理”图标，在“GCP/MTP 管理”中点击“添加连接点”，双击标签下面的名字，更改控制点名称；双击“类型”，将“Manual Tie Point”更改为“3DGCP”，并输入 X，Y，Z 的坐标，如附图 6-46 所示，点击“OK”。

点击左侧栏中“空三射线”，点击“连接点”→“控制点/手动连接点”→控制点名称，在每张像片上左击图像，标出控制点的准确位置(至少标出两张)。

5. 正射影像生成

若在添加控制点过程中，已进行过初始化处理，则不需要再次运行；否则在下方菜单栏依次勾选“初始化处理”“点云和纹理”与“DSM，正射影像和指数”，点击“开始”按钮运行。

一般来说，先只进行初始化处理，添加完控制点后，检查项目质量报告；若质量报告里面各项参数满足需求，则继续进行第(2)~(3)步；若质量报告中某些参数没有达到标准，则需对项目的某些参数进行调整，再次进行处理第(1)步，或者进行重新优化，再次检查质量报告，只有在质量报告的条件满足的前提下才能继续往下处理。

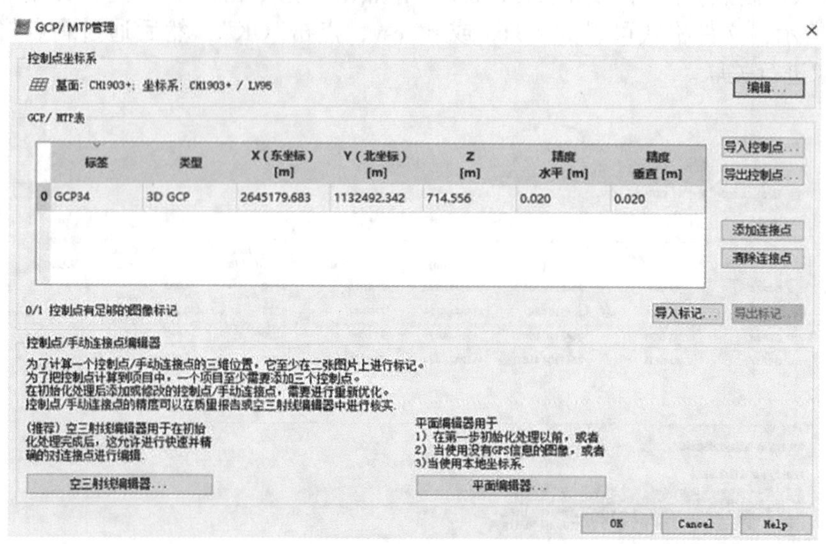

附图 6-46　控制点管理

6. 正射影像编辑与输出

完成 DOM 正射影像和指数处理后，可在镶嵌图编辑器中查看正射影像结果。检查正射影像生成效果，在正射影像图上找出需要编辑的某一块区域，然后点击绘制，在右侧栏选择需要替代的图像，点击“保存”。修改完整后，点击“导出”，将所有的更改保存到原始的正射影像图上，如附图 6-47 所示。

附图 6-47　正射影像编辑与输出

附录 7　常用手簿

一、三、四等水准观测手簿

水准测量观测手簿

测量日期：　　　　　　天气：　　　　　　气温：　　　　　　风力：

<table>
<tr><td rowspan="4">测站编号</td><td rowspan="2">后尺</td><td>下丝</td><td rowspan="2">前尺</td><td>下丝</td><td rowspan="4">方向及尺号</td><td colspan="2">标尺读数</td><td rowspan="4">K+黑-红</td><td rowspan="4">高差中数</td><td rowspan="4">备注</td></tr>
<tr><td>上丝</td><td>上丝</td><td rowspan="3">黑面</td><td rowspan="3">红面</td></tr>
<tr><td colspan="2">后距</td><td colspan="2">前距</td></tr>
<tr><td colspan="2">视距差 d</td><td colspan="2">$\sum d$</td></tr>
<tr><td rowspan="4"></td><td colspan="2"></td><td colspan="2"></td><td>后</td><td></td><td></td><td></td><td></td><td></td></tr>
<tr><td colspan="2"></td><td colspan="2"></td><td>前</td><td></td><td></td><td></td><td></td><td></td></tr>
<tr><td colspan="2"></td><td colspan="2"></td><td>后-前</td><td></td><td></td><td></td><td></td><td></td></tr>
<tr><td colspan="2"></td><td colspan="2"></td><td></td><td></td><td></td><td></td><td></td><td></td></tr>
<tr><td rowspan="4"></td><td colspan="2"></td><td colspan="2"></td><td>后</td><td></td><td></td><td></td><td></td><td></td></tr>
<tr><td colspan="2"></td><td colspan="2"></td><td>前</td><td></td><td></td><td></td><td></td><td></td></tr>
<tr><td colspan="2"></td><td colspan="2"></td><td>后-前</td><td></td><td></td><td></td><td></td><td></td></tr>
<tr><td colspan="2"></td><td colspan="2"></td><td></td><td></td><td></td><td></td><td></td><td></td></tr>
<tr><td rowspan="4"></td><td colspan="2"></td><td colspan="2"></td><td>后</td><td></td><td></td><td></td><td></td><td></td></tr>
<tr><td colspan="2"></td><td colspan="2"></td><td>前</td><td></td><td></td><td></td><td></td><td></td></tr>
<tr><td colspan="2"></td><td colspan="2"></td><td>后-前</td><td></td><td></td><td></td><td></td><td></td></tr>
<tr><td colspan="2"></td><td colspan="2"></td><td></td><td></td><td></td><td></td><td></td><td></td></tr>
<tr><td rowspan="4"></td><td colspan="2"></td><td colspan="2"></td><td>后</td><td></td><td></td><td></td><td></td><td></td></tr>
<tr><td colspan="2"></td><td colspan="2"></td><td>前</td><td></td><td></td><td></td><td></td><td></td></tr>
<tr><td colspan="2"></td><td colspan="2"></td><td>后-前</td><td></td><td></td><td></td><td></td><td></td></tr>
<tr><td colspan="2"></td><td colspan="2"></td><td></td><td></td><td></td><td></td><td></td><td></td></tr>
<tr><td rowspan="4"></td><td colspan="2"></td><td colspan="2"></td><td>后</td><td></td><td></td><td></td><td></td><td></td></tr>
<tr><td colspan="2"></td><td colspan="2"></td><td>前</td><td></td><td></td><td></td><td></td><td></td></tr>
<tr><td colspan="2"></td><td colspan="2"></td><td>后-前</td><td></td><td></td><td></td><td></td><td></td></tr>
<tr><td colspan="2"></td><td colspan="2"></td><td></td><td></td><td></td><td></td><td></td><td></td></tr>
</table>

观测：　　　　　　　　　　记录：

二、角度观测手簿

角度观测手簿

日期：________　天气：________　气温：________　站点：________　仪器高：________

点号	水平角				天顶距				
	盘左(° ′ ″)	盘右(° ′ ″)	一测回平均方向	各测回平均方向	盘左(° ′ ″)	盘右(° ′ ″)	一测回竖角	各测回平均竖角	目标高

三、GNSS 观测手簿

GNSS 测量观测手簿

<table>
<tr><td>点号</td><td></td><td>点号</td><td></td><td>图幅编号</td><td></td></tr>
<tr><td>观测记录员</td><td></td><td>观测日期</td><td></td><td>时段号</td><td></td></tr>
<tr><td>接收机型号
及编号</td><td></td><td>天线类型
及编号</td><td></td><td>存储介质类型
及编号</td><td></td></tr>
<tr><td>原始观测数据
文件名</td><td></td><td>Rinex 格式
数据文件名</td><td></td><td>备份存储介质
类型及编号</td><td></td></tr>
<tr><td>近似纬度</td><td>° ′ ″
N</td><td>近似经度</td><td>° ′ ″
E</td><td>近似高程</td><td>m</td></tr>
<tr><td>采样间隔</td><td>s</td><td>开始记录时间</td><td>h min</td><td>结束记录时间</td><td>h min</td></tr>
<tr><td colspan="2">天线高测定</td><td colspan="2">天线高测定方法及略图</td><td colspan="2">点位略图</td></tr>
<tr><td colspan="2">测前：　　　测后：
测定值______m　______m
修正值______m　______m
天线高______m　______m
平均值______m　______m</td><td colspan="2"></td><td colspan="2"></td></tr>
<tr><td colspan="2">时间(UTC)</td><td colspan="2">有效观测卫星数</td><td colspan="2">PDCP</td></tr>
<tr><td colspan="2"></td><td colspan="2"></td><td colspan="2"></td></tr>
<tr><td colspan="2"></td><td colspan="2"></td><td colspan="2"></td></tr>
<tr><td colspan="2"></td><td colspan="2"></td><td colspan="2"></td></tr>
<tr><td colspan="2"></td><td colspan="2"></td><td colspan="2"></td></tr>
<tr><td colspan="2"></td><td colspan="2"></td><td colspan="2"></td></tr>
<tr><td colspan="2"></td><td colspan="2"></td><td colspan="2"></td></tr>
<tr><td colspan="2"></td><td colspan="2"></td><td colspan="2"></td></tr>
<tr><td colspan="2"></td><td colspan="2"></td><td colspan="2"></td></tr>
<tr><td colspan="2"></td><td colspan="2"></td><td colspan="2"></td></tr>
<tr><td colspan="2"></td><td colspan="2"></td><td colspan="2"></td></tr>
<tr><td>记
事</td><td colspan="5"></td></tr>
</table>

参考文献

[1] 潘正风，程效军，成枢，等．数字地形测量学[M]．武汉：武汉大学出版社，2015.

[2] 李征航，黄劲松．GPS 测量与数据处理(第三版)[M]．武汉：武汉大学出版社，2016.

[3] 建设部，国家质量监督检验检疫总局．GB 50026—2007 工程测量规范[S]．北京：中国计划出版社，2007.

[4] 国家标准化管理委员会，国家质量监督检验检疫总局．GB/T 14912—2005　1∶500　1∶1000　1∶2000 外业数字测图技术规程[S]．北京：中国计划出版社，2005.

[5] 国家标准化管理委员会，国家质量监督检验检疫总局．GB/T 20257.1—2017 国家基本比例尺地图图式 第 1 部分：1∶500　1∶1000　1∶2000 地形图图式[S]．北京：中国计划出版社，2017.

[6] 国家标准化管理委员会，国家技术质量监督局．GB/T 18314—2001 全球定位系统(GPS)测量规范[S]．北京：中国计划出版社，2001.

[7] 国家标准化管理委员会，国家技术质量监督局．GB/T 10156—2009 水准仪[S]．北京：中国计划出版社，2009.

[8] 住房和城乡建设部．CJJ/T 8—2011 城市测量规范[S]．北京：中国建筑工业出版社，2011.

[9] 住房和城乡建设部．CJJ/T 73—2010 卫星定位城市测量技术规范[S]．北京：中国建筑工业出版社，2010.

[10] 国家测绘地理信息局．CH/T 3007.1—2011、CH/T3007.2—2011、CH/T 3007.3—2011 数字航空摄影测量测图规范第 1 部分—第 3 部分[S]．北京：测绘出版社，2011.